U0135160

Smart智富
贏家系列 2

巴菲特
選股魔法書

洪瑞泰◎著

獻給父親

在寫本書之初

我的父親 洪有智先生過世

父親是最疼我的人

我卻一再讓他失望

我想把這本冊獻給父親

雖然已經太晚

投資理財是人生的必修課
──智富文化出版的緣起

中國自盤古開天以來，財富受到人文的貶抑、偏見的醜化，然而，它卻是人們生活與家庭的基石。

我們不必承受傳統文化的偏見，避談財富：面對結婚生子、養兒育女、購車置屋、退休養老等人生現實面，我們必須正視財富，必須理財，甚至投資。

現在是資本社會，景氣有循環，物價會漲跌，利率有高低，幣值會升貶……這些每每牽動人們的財富，也影響到生活。匯率貶低、物價上揚、利率下滑，如果不理不睬，財富會自動縮水；景氣復甦時，寄望加薪而不投資，個人財富將永遠跟不上社會繁榮的腳步，因此，我們必須理財，甚至投資。

現代的學校教育，教人文、學科技，卻完全忽略「理財是人生的必修課」，人們從父母的隻字、親友的片語、業務員的斷章、電視報紙的取義，取得支離破碎的理財知識，這是不足也是危險的。雜誌與書籍，讓你更深入、更有系統，是不可或缺的理財知識來源。

《Smart智富月刊》創刊已六年，如今再成立智富出版社，以「投資」和「理財」為出書領域，以「專業」和「易懂」為編輯

精神，讓讀者更Smart取得財富智識；這就是「SMART智富」
出版所要的、所追求的。

Smart智富月刊發行人

童再興

站在巨人的肩膀看世界

從投身證券研究投資的事業之後，我也一直從閱讀別人的投資心得，去改正自己的投資盲點，但成果非一蹴可及，且是一段漫長的學習過程。

老實說，我對於一些投資大師的投資哲學是否能適用在不同市場上，有相當大的疑問。因為每一個市場的發展階段不同，股市的參與者也不同。尤其，公司治理的好壞差距很大，當歐美等所謂的先進已開發市場，陸續出現不同的財報弊端，更讓我們在使用財務報表去做為投資判斷的準則，難度更高。不過，作者以巴菲特的投資哲學開班授課，並出書與投資大眾分享，確實吸引我的興趣。

台股投資的決策因子，我相信在摒除政治因素的干擾後，它與國際市場的接軌與互動會提高，因為摩根士丹利公司將台股權重在2005年5月，充分反映在其編製的相關指數。此時，作者文中所提的一些投資觀念確實值得讀者去深思。個人贊同，將來在台股投資的研究，大家應把時間分配多一些給資產負債表，而非只關心損益表上的數字，股東權益報酬率及現金流量的分析會與本益比的預估同等重要，因為這是一種國際趨勢，也呼應作者在本書中所提的一些想法。

從閱讀許多人撰寫的有關投資觀念的著作，讓我不斷反省修正自己的投資行為，希望減少犯錯的頻率，正所謂「站在巨人的肩膀

看世界」。

　　讀者可以從作者在書中所提的一些觀念，去省思自己的投資行為，但切記我們既不是巴菲特也不是彼得林區，他們不會因誤判科技股的循環或買到地雷股而使生活陷入困境，我們卻可能會。所以不管你信仰哪一種投資哲學，或景仰哪一位投資大師，認清自己的投資實力及風險承擔能力，投資成功的機率將相對提高。

摩根富林明投信總經理

侯明甫

I hope people would buy into this story

After reading your book, I have a feeling that most Taiwan investors spend too much time chasing information and inside info, as well as trading high and lows.

The approach you proposed is effective over the longer term. However, this is a path less travelled by investors and most of the retail/institutional investors choose a less aggressive way — trading in and out. I think your approach is more aggressive but rewarding over the longer term as long as you get the target right. And, you book did show how to pick the right targets — companies with sustainably high ROEs in the past and in the future. The common question faced will be — if investing is this simple, how come few people makes money in the stock market.

Now this is the point — who makes money in the stock market, and how. Most people do not believe there is an easy way to successful investing and this book demonstrates one. And, I hope people would buy into this story.

Michael, this path is less travelled by many and I feel lucky to have kept in touch with you over the past decade. Yes, I have known you more than 10 years. Time really flies.

Good luck to your book publishing.

摩根富林明投信副總經理

陳如中（Andrew Chen）

Michael要出書了

這幾年，每當覺得少了Michael的消息時，總會不禁想到：「這個在我分析師生涯所遇到的第一個人，遲早會有個大作的！！」哈～～終於讓我給等到了，而且很榮幸地，這位當初幫我這隻菜鳥修改研究報告的前輩，還讓我comment他的大作。

很認真的讀了這本書，發覺Michael一點都沒變，以前就很喜歡聽Michael詮釋他的觀念，他有個很神奇的腦袋，可以把複雜的想法單純化，也可以把看似容易（知其然不知其所以然）的事物，整理出清楚的脈絡。我是個浪漫而隨性的人，所以特別羨慕他擁有這種找出「捶心肝」結論的功力。

還有，Michael很熱情，他總會不厭其煩、用不同的詮釋，就為了讓你了解同一個答案的不同面向。尤其他的表情總是酷酷的，突然冒出近似冷笑話的比喻時，實在很絕。

在閱讀Michael這本書時，覺得他出書的時機挺好的，過去兩三年台灣的資本市場有許多變化，特別是散戶投資人對於員工配股、除權或除息的偏好、多樣化的股價評比方法等，都逐漸有了與法人相同的思考邏輯，而股東權益報酬率（ROE）也開始被投資大眾所重視。

加上證期會近年來努力改善公司治理（Corporate governance），使得上市公司感受到相當的壓力，並理解到不容易再靠短

期的營收或EPS成長來打混。Michael這本書中的方法，可以協助投資人尋找公司的基本價值，對追求長期穩定報酬的投資人來說，將是非常有用的工具書。

不過，我一直認為投資是要賺用功的錢，既然做了投資，就要持續觀察投資標的的營運狀況、產業前景、企業誠信等，不能像捐款似的，錢一砸、眼一閉就不管了。

雖然許多投資人還是喜歡每天股價上下震盪的快感（或扼腕），不過若能開始將一部分資產配置於價值型公司，學習用資產管理的角度進行投資，應該可以逐漸享受穩健投資報酬的成果。希望Michael這本書可以帶給投資人更清晰的股價評估角度，不但投資人能獲得穩定的報酬，企業誠信佳、長期為所有股東努力的公司，亦因此而獲得肯定。

當然囉，最希望的還是Michael這本書能廣受歡迎，提供他更多的動力，讓下一本「捶心肝」的書快快問世。

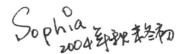

我應該從國中
就開始學巴菲特

在教完大學推廣部的巴菲特班之後，我就一直有很強烈的感覺，想把上課的講義寫成一本書。我的衝動來自於同學的熱烈反應，有些人來上課時都還帶著錄音機，生怕漏掉重點。所以我想若把講義寫完整一點、成為一本書，讓同學能隨時翻閱，如同在查閱武功祕笈一般，對於練就巴菲特神功將有很大的助益。

當然也有同學擔心，以為這麼好的道理一旦公告周知之後，可能就會不靈了。這應該是過慮了，因為我們都深信巴菲特投資理論是真理，既是真理，股價自然會按著它的道理運行，如同太陽不會因為大家都知道它是從東邊出來而改道自南方一樣。

最後促成我動筆寫書的原因，是在看到費雪（Philip A. Fisher）所寫的《普通股與不普通的獲利》一書，1957年首次出版，當時不僅曾啟發過青年時期的巴菲特，也讓後人永遠記得他的成長股理論。46年之後，2003年美國的出版社John Wiley & Sons,Inc.又予以再版，並奉為投資經典，他的兒子在寫序時都還深以為傲。這令我領略到一本好書的力量，竟是如此的綿延流長。

我既承巴菲特開悟，雖然只是私淑，但仍有義務繼續傳教，如同子貢發揚孔子的學說一般，把他老人家的道理一棒接一棒地傳給

後人。

市面上有關巴菲特的書很多，可是能把道理講清楚的卻嫌少，所以我立志要把老巴的理論說明白。本書所闡述的內容與老巴的原意可能仍有段距離，但畢竟是一個起步，可以讓你比別人更接近巴菲特一點。書中也有一些我擅加的意見，那是為了解釋巴菲特理論所加注的比喻，算是狗尾續貂。

這是一本寫給老太婆看的書，只要稍微懂得股票常識的人就可以來看這本書。這是我的信仰，我一直認為一個人書有無讀通只要看他能不能把所唸的東西講懂給完全不會的人聽即可。學生聽不懂，是老師的錯，不是學生。

跟歐巴桑或機構法人談股市其實並無不同。我曾在1994年香港的文華酒店裡，向索羅斯的研究員介紹台灣的電子股，也曾向阿婆解釋1997年亞洲金融風暴的成因與後果，跟兩者談都須要用淺顯有趣的例子來做比喻。不講講笑話，有些法人，尤其是英文比我還差的日本人，是會當場在你面前打瞌睡的。

所以本書大量借用比喻來說明道理，希望讀者不要因看本書而睡著。我也期待機構法人能對本書嚴加指正，因為本書所傳頌的巴菲特理論不同於傳統的投資觀念，許多大家習以為常的觀念都是錯的。

最後我想說一句學巴菲特的感想。我很慶幸找到巴菲特，但遺憾不能早30年學會巴菲特，我應該從國中就開始學。

我要感謝鄭弘儀先生幫本書推薦。他是我的偶像，我每天都看

他的節目，他主持政論節目是最公正的，所提的問題也最切中要點。我看他的學經歷與奮鬥過程，簡直不輸鴻海的郭台銘。

我要感謝柯之琛（Wallace）先生，著名外商證券公司執行董事幫我推薦。Wallace是少見的業務將才，相當的專業；我還記得幾年前有一次央行發布「國際收支帳」數字，他馬上跟我深入討論，並要我寫一篇報告給他的客戶。我看過無數營業員，只有Wallace曾跟我談過「國際收支帳」這種東西。不能留住他應是怡富最大的損失。

我要謝謝摩根富林明投信總經理侯明甫先生幫我推薦，他是我在怡富證券的前輩，我有幸跟著他學習如何做電子股研究。怡富研究部在外資界的令譽，正是由他帶頭建立的，當年怡富研究部多次被《亞元》（Asiamoney）雜誌票選為台灣最佳研究團隊。

我要感謝陳如中先生，我的好友，現任摩根富林明投信副總經理，幫我寫推薦序。前頁的推薦，是他看完本書草稿後用依媚兒寫給我的意見，這是最真誠的指教，所以我把它收錄起來。他的英文真好。

我也要謝謝程淑芬（Sophia），知名外資研究部資深副總裁，幫我寫推薦序。找她幫忙時她人在美國休年假，但仍排除萬難幫我讚言，多謝了。我初次寫書即能把幾位好朋友的名字兜在一起，實在是很有意思的事。

我還要向徐敏雄先生致意，他是我前怡富同事，有機會在文化大學推廣部開課是他牽的線，雖然很遺憾，我們的合作持續不長。

　　這本書的出版要感謝魯曉明老哥與許啟智兄幫我引介出版社。曉明老哥一直很照顧我，當初請他幫忙，他在下班後的深夜11時多，仍不顧勞累幫我四處連繫。我與啟智兄僅是數面之緣，他卻願以他的聲譽為背書向出版社推薦我，啟智兄是位著名的資深財經記者。

　　我也要感謝Smart智富月刊給我機會。當初在商定出版日期究竟是十月或十一月時，總編輯李美虹堅持要提早付梓，她說不忍投資人再受到博達等地雷股的傷害，她希望藉著這本有關巴菲特投資理論書籍的出版，能給投資人指點迷津。她的社會責任感讓我感動不已。

　　Smart雜誌的執行主編唐祖貽兄也很令我印象深刻，他的工作效率佳、行銷觀念強，他也是一位看完我的書之後，有被雷打到感覺的人。

府城 **洪瑞泰**（Michael On）

10, 12, 2004

聯絡信箱mikeon@ms18.hinet.net

Chapter 1

走進巴菲特教室

【路透社電 7/12/2003】
與世界第二富翁巴菲特共進午餐代價可不小。
一場在舊金山舉行的慈善拍賣會中，
網路拍賣商eBay以25萬美元（新台幣800多萬元）
賣出與巴菲特午餐的權利。
贏得線上競標的是紐約私人投資公司Greenlight Capital。

看完本書之後，你可能會轉而想跟作者吃飯。

看完本書，再去念《波克夏年報》

我寫這本書起源於2003年10月在大學推廣部教授巴菲特班的講義。這門課是台灣第一次專門以華倫巴菲特（Warren Buffett）為學習對象的投資課程，來上課的同學從七十歲的老先生、會計師事務所的負責人，到電子業的工程師都有。他們可都是巴菲特迷，對相關書籍的涉獵甚至比我還熟。

據同學表示，坊間的書籍中，一些重要觀念都未交代清楚，如內在價值（intrinsic value）的計算、安全邊距（margin of safety）的設定標準等等；那些作者甚至會讓人懷疑，是否真的搞懂巴菲特理論。

例如老巴的媳婦瑪麗巴菲特（Mary Buffett）寫的兩本書《Buffettology》（巴菲特哲學）與《The New Buffettology》，她計算內在價值的方法，竟然要先預估一家公司未來10年的獲利，這顯然與巴菲特的作為相左。老巴主張不做預測，他看一件案子不到五分鐘便可決定，若要預估未來10年，怎麼來得及。

這些觀念，坊間書籍未清楚交代，許多人想破頭也不得其解，在本書中都將一一說明。不要太驚訝，在我的妙喻解釋下，它們竟如此簡單有趣。我還會以公式來證明這是真理，並舉一堆實例來驗證巴菲特理論在台灣股市也具有同等的威力，這都讓已上過課的同學有捶心肝的感覺。

《波克夏年報》是巴菲特投資的精華

我學巴菲特一開始也是從市面的書籍念起，看遍所有相關書

籍，但總覺得似有不足。直到後來看了《波克夏年報》，才茅塞頓開。我的感覺是以前看的那些書，只是在外面繞圈子，直接念年報才是真正走進教室。

《波克夏年報》是投資界必讀的聖經，每年3月中旬出刊，老巴親自撰寫年報裡的「董事長致股東報告書」，除了報告所轄公司的營運狀況外，更不厭其煩闡釋他的投資理念。

巴菲特說：「**波克夏是一塊畫布，他的工作就像米開朗基羅在西斯汀教堂畫壁畫一般，他希望在畫布上所揮灑的投資理念，能供世人臨摹與學習。**」《永恆的價值》

巴菲特才是股票族最該效法的偶像，他是唯一單靠投資而成為世界十大富豪者（2004年的財產高達410億美元，僅次於比爾蓋茲的480億美元）。他先是幫人做代客操作，之後在市場上陸續買進波克夏哈瑟威公司（Berkshire Hathaway Inc.）近半數的股權，這是一家日漸沒落的紡織廠。

由於本業前景黯淡，巴菲特利用公司多餘的現金往外投資，目前旗下擁有保險金融、新聞、製鞋、家具、珠寶、能源等事業，集團員工高達14多萬人，是美國市值第六大的公司。波克夏股價在1962年巴菲特購入時才8美元不到，現在則是9萬美元。

《波克夏年報》我已經看了四遍，每次看都有收獲，尤以第三次的受益最大，第四次則最有成就感，因為任督二脈已逐漸打開。

我一直勸人要學巴菲特，應該直接去看年報，如果這輩子只要看一本投資的書，就看《波克夏年報》。在《Buffettology》一書中曾寫到：「**華倫曾發誓，在讀完葛拉漢（Benjamin Graham）的書12遍以前，不做任何投資。**」

葛拉漢是巴菲特的老師,被譽為證券分析師之父。他寫過兩本書:《智慧型投資人》與《證券分析》,我都看過,但還是覺得《波克夏年報》比較精彩,所介紹的觀念才是正確的。

老巴的成就無論在理論或實踐上,早就青出於藍,遠在其師之上。如果巴菲特說葛拉漢的書未看完12遍以前不做投資,那年報絕對值得看六遍以上。我已經看了四遍,還打算再看二遍。

花了5年,轉換一個觀念

《波克夏年報》可以直接從波克夏公司的網站上下載,每本長達40多頁。大師的文字對初學者而言,難免言簡意賅,若無人從旁加以點醒,恐怕會勤苦而難成。

我為了看懂巴菲特理論,亦即從「眼」到「頭」,約花了兩年半的時間,看懂後學著做,由「頭」到「手」又花了兩年半。這其中說穿了,只是一個觀念的轉換而已:從EPS轉到RoE(Return on Equity),也就是從每股盈餘轉到股東權益報酬率。

名詞解釋

淨值、EPS與RoE
一家公司的資產,就像一片蔥油餅可以切成好幾塊,其中有一大塊是跟銀行借錢(負債)買的,要先還給銀行。剩下的稱淨值或股東權益,才是股東所有。

把一片餅切成幾塊即是股數,一股就是一小塊,如台積電的總股數是200億股,即是切成200億小塊。每一小塊因單位太小,在交易上把1000股集成一張,不足1000股的稱為零股。打電話向營業員下單,要講買幾張,不要說買幾股,不然營業員會花轟。

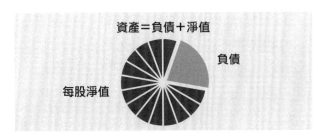

每一小塊餅剛出爐時（公司新設立），標價都是10元，即面額10元
股本＝股數×面額10元

這一小塊餅拿到市面上去賣，價格（股價）會變動，好吃的（公司賺錢）會漲價；不好吃（獲利衰退）會跌價，餿掉的（虧錢的）甚至會跌到10元以下。

屬於股東的錢，即淨值，把它切成小塊，即是每股淨值（NAV, Net Asset Value）
NAV＝淨值÷股數

公司賺的錢，稅後淨利，把它切成小塊，即每股盈餘（EPS, Earnings Per Share）EPS＝稅後淨利÷股數
EPS愈高，股價也愈高。

但光看EPS不能看出公司經營成績的好壞，還要比較原先投入多少資金。股東權益（又稱淨值）報酬率（RoE），是衡量公司拿了股東多少錢，結果又幫股東賺了多少錢
RoE＝稅後淨利÷淨值

　　這麼簡單的觀念竟要花如此長的時間才能接受，即因缺少一個當頭棒喝的導讀者，把我從舊觀念的泥沼中拉出來。正如凱因斯所說：「**困難之處不在於有新觀念，而是如何擺脫舊窠臼。**」《1983年報》

　　這正是我寫本書的目的，我希望它能成為看懂《波克夏年報》最佳的參考書。請先看完這本書之後，再去念年報。

研究巴菲特的書目
必讀
1.《波克夏年報》http：//www.berkshirehathaway.com/
2.《巴菲特選股魔法書》，洪瑞泰著
參考
1.《永恆的價值－巴菲特傳》，基爾派翠克著
2.《The New Buffettology》，Mary Buffett著
3.《華倫巴菲特的CEO》，Robert P. Miles著

被雷打到的感覺

我學巴菲特曾歷經幾個階段，這可能也是讀者曾有的經驗。初期我的態度有點吊兒郎當，以為巴菲特理論就是買買可口可樂、吉列刮鬍刀之類的公司而已；但又心想台灣並無此類公司，所以我自以為聰明，想用巴菲特的方法來買高科技股，以為這樣的績效一定會比他好，但事實證明並非如此，這都是早期未能真正了解巴菲特理論時的幼稚想法。

直到2001年看到波克夏年報，老巴在買做磚頭的公司，我才恍然大悟，大叫一聲「我懂了！」那是一種頓悟，像五雷轟頂一般，彷彿一位巨人就站在我眼前獰笑，這是我生平第一次領悟到何謂「仰之彌高，鑽之彌堅，瞻之在前，忽焉在後」。

老巴在《2000年報》寫著：「**展望21世紀，我們大舉進軍磚塊、地毯、隔熱品與油漆等的先進產業**」。巴菲特投入40億美元買了這幾家公司，40億美元耶！我常想，即使我有這麼多錢，也不敢押在這種公司上。

這是我悟道的經過，我曾把這個過程跟我的學生分享，推廣部的同學，不曉得真的假的，上過課一個禮拜後，不止三位寫e-mail

給我說，他也被雷打到了。「被雷打到了」從此變成我們e-mail連絡時的通關密語。我相信各位讀者在看完本書之後，也一定會有相同的感覺。

為何大部分的人買股票會賠錢？

每次上課同學都會問：「為何大部分的人買股票會賠錢？」

我想了一下，大概是下列三種原因：

1.不懂股價漲跌的基本道理

2.分不清「知」與「不知」

投資人常根據不可知的東西在做決策

（例如：看好什麼股票下一季會漲）

3.被股價的變動蒙蔽

不能謹守投資準則（什麼股漲就說它好，就追什麼股）

簡言之，一般人都是用猜的在做股票，像在玩打地鼠的遊戲，什麼股漲就去追什麼股，追所謂的強勢股，以為這樣才會最賺。這就像看到周杰倫很紅，就叫自己的兒子不要念書去唱歌，看到曹錦輝站上大聯盟，又叫他去練棒球，這樣終將一事無成。

大部分投資人買股票是用猜的

用猜的來買賣股票，要賺錢的機率不是二分之一，而是四分之一，因為要買、賣都猜對才能賺錢，這即是市場所言「八二理論」的由來，80%的投資人賠錢，僅20%的人賺錢。營業員還告訴我，做當沖的95%賠錢，而且那5%賺錢的人每次還都不一樣。

　　說大部分人買股票是用猜的，很多同學都不服氣，因為他們都可以洋洋灑灑講出一大堆影響股價的因素，有公司獲利、產業景氣、利率、匯率、外資、主力、籌碼、政治、技術面、消息面……而且都很有見地。

　　只不過，當我再進一步問他們，當初買股票的理由，與後來賣掉的原因相當嗎？例如，買友達的原因是「未來10年最看好的產業」，現在賣掉的理由呢？因為跌破月線？這樣的邏輯是否太不一致了？

　　看好10年，這是何其重大的結論，卻因為跌破月線就輕易賣掉？！會犯了邏輯不一致的毛病，正是因為不懂股價漲跌的基本道理，真正懂的人應該是羽扇綸巾、笑看友達未來10年的成長。

　　當初買友達的原因，說穿了，哪裡是因為未來10年看好，只不過那時面板股的氣勢最強，跟著搶進而已；現在會賣也是因為它跌了，跟著賣而已，有啥章法可言。真正的因素是股價在漲或跌，基本面、技術面都只是幌子，這是用眼睛在做投資，而非用大腦。用眼睛在做股票，最有快感，但不保證績效會好。

　　同學也最喜歡談下一季看好什麼股票，或某家公司未來二年的獲利預估？這些東西可知嗎？別扯太遠，說點我們可以控制的。

　　我常問同學，你現在知道明天中午會吃什麼嗎？我保證你現在想的、跟明天中午實際吃的多半會不同。你現在可能想吃牛肉麵，可是隔天中午同事卻邀你去吃日本料理。如果連明天的事都不能預料，又何必奢言下一季或未來二年？既然不知道未來會如何，還說看好什麼，這不是用猜的嗎？

我也曾選對股，卻抱不住

我以前也犯過同樣的錯，我以為我很準。1994年在怡富時，很多外資對宏碁（2306）的股價在50元以上就喊出了，只有我獨排眾議說會到120元，從此讓我一戰成名。國巨（2327）上櫃轉上市時也無人注意，是我率先建議強力買進，連該公司總經理陳泰銘都印象深刻，把我的報告貼在員工布告欄上。

回顧這些陳年往事的用意不在驕其妻妾，而在於表白，為何我會從一個外資的研究員，深受外資的薰陶，進而「皈依」在巴菲特門下，雖然只是私淑。

我看對過一些股票，可是有更多的股票，每當我把它們的歷史股價叫出來看時，總會扼腕。它們的基本面一直都很好，我也早知道它很好，長期持有的投資報酬率相當驚人，我卻不能一以貫之。

仔細回想，原來在過去因為中共打飛彈、亞洲金融風暴、電腦庫存增高、葛林斯班調高利率時，我就嚇得把它們賣掉了。在當時這些消息可都是不得了、天大地大的事情，可是現在回想呢？這是看對而不能堅持到底的錯誤。

我犯的錯還有一種，就是有些公司只好一、兩年之後即一塌糊塗、不堪聞問。例如台揚（2314）、大眾（2319）、亞瑟（2326）、大霸（5302）。這些股票曾風光一時，很多人應該也都參與過，可是下場卻冷冷的澆醒我，其實我也看不準，以前所謂看對的，搞不好只是猜對而已。所以，現在要我說「未來10年看好」的話，實在說不出口。

就是這一切，而且一再重演，引起我的反省，懷疑我的研究方法是否有盲點，所以我開始研讀偉人的傳記。

一個人的偉大竟可以這麼簡單

我看過幾位投資大師的傳記，包括是川銀藏、彼得林區（Peter Lynch）、索羅斯（George Soros）等。當初我在看時並未有太大的感動，彼得林區說他每天要看很多研究報告、公司財報、拜訪上市公司等，這跟我在當研究員時的工作完全相同。他最得意的投資---做褲襪的公司，是從他老婆日常在買的褲襪中得到靈感，這跟我常到光華商場去觀察市場趨勢也一樣。

彼得林區或索羅斯這樣的大師，在遇到市場崩盤時，也和我們一樣會害怕。彼得林區在1987年黑色星期一、美國股市大崩盤時剛好在度年假，打電話回公司得知股市大跌，跌掉的基金淨值相當於一個小國一年的生產毛額，害他無心再休假。索羅斯更慘，日本股市大跌時他在打網球，營業員打電話來，嚇得當場冷汗直流，趕緊要他的營業員把股票賣掉。

只有巴菲特說：「**對只想成為一個股票的淨購買者而言，股價愈低愈好**」。在《1993年報》上他表示：「**不會在意股票市場是否會關閉一到兩年**」。

彼得林區曾拜訪過巴菲特，以為老巴的看盤室應該跟他一樣，有一面很大的電視牆，誰知辦公室內只有一張書桌，與一部看似不常打開的電腦而已。彼得林區問巴菲特的投資組合為何，心想這下應該會打開電腦，列出一長串的股票吧，但老巴竟只拿出一張紙寫下他的投資組合，幾支股票而已。

從上面的故事，這三個人的投資功力高下立判，彼得林區是位很努力的人，索羅斯可能是個聰明的人，而巴菲特則是偉大的人。

波克夏總部員工只有14.8人

巴菲特的偉大在於簡單，簡單到令人不可置信。只打幾通電話，就可以創造一個大企業，這豈是比爾蓋茲（Bill Gates）或奇異（GE）、威名百貨（Walmart）的老闆可企及的。

巴菲特只有一個人在做投資，沒有研究員，頂多與合夥人副董事長曼格（Charles Munger）討論。波克夏總部僅147坪，員工14.8人，都是行政人員，其中「0.8人」是一位兼職的小姐，巴菲特曾邀她任全職，卻被婉拒，因0.8小姐說她的0.8經老巴在年報的介紹，已建立起全國知名度，若變成1，恐將失去獨特性。這是老巴的幽默，他在《2001年報》寫道。

靠「巴六點」成為世界首富

巴菲特的選股原則僅有六點，靠這六點就成為世界首富：

1.大型股（每年稅後淨利至少5000萬美元）

2.穩定的獲利能力（我們對未來的計畫或具轉機的公司沒興趣）

3.高RoE且低負債

4.良好的經營團隊（我們不提供管理人員）

5.簡單的企業（若牽涉到太多科技，將超出我們的理解範圍）

6.出價（在價格未確定前，請勿浪費雙方太多時間）

我們無意進行惡意併購，承諾完全保密，並且將儘快答覆是否感興趣（通常不超過五分鐘）。我們大半採用現金交易，但也會考慮發行新股---如果我們所換得的內在價值，和付出的一樣多。

《2002年報》

巴菲特把這六點選股原則，寫在每一年的年報上，也曾在報紙上徵求，如果知道有符合該條件的公司，可以打電話給他。

2003年11月時，有位大學教授帶領40位學生去訪問老巴，送他一本克雷頓房屋（Clayton House）創辦人的自傳。巴菲特看完書之後就去買下那家公司，並致贈那位教授一股A股，40名學生各一股B股。一股A股現值9萬美元，將近新台幣300萬元耶！我也想跟巴菲特報明牌。

其實我覺得最可怕的，是最後的結語「通常不超過五分鐘」。各位，巴菲特最常做的是併購，把整家公司買下來，並不像我們只是買幾張股票而已。買錯股票砍掉就算了，併購是不能後悔的；我們買股票還要琢磨老半天，老巴卻通常不超過五分鐘答覆。我們與股神的功力差距，真不能以道里計。

老巴做併購，大半採現金交易，買了也不會介入經營，他希望好公司的老闆若想退休或套現，但又想維持公司的永續運作，最好的方法就是賣給他。所以，王永慶、張忠謀也許應該打個電話給巴菲特。

別相信轉機股

這六點選股準則一言以蔽之，即要買「能維持高RoE的股票」，他所界定的高RoE是大於15%以上。他要的是獲利能力穩定，不要轉機股、也不愛聽老闆在吹牛，講美好的未來計畫。

這跟一般人不同，我們常以為轉機股、提出未來計畫的公司，股價爆發力最強；可是事實證明，結果最後都會走了樣。華泰（2329）、矽統（2363）就是兩家每年我都聽說有轉機的公司；威

盛（2388）獲利不行了就推出一個迦南計畫，餅愈畫愈大。

　　研究了幾年，我益發覺得這六點原則，是投資學上最偉大的文獻，按照它們去選股，績效都很令人滿意。並且這些原則都很明確而實用，不像其他投資大師的語錄，聽起來很有道理，卻又虛無飄渺、無從遵循。

　　當然，原則雖然簡單，卻蘊含著大道理，若未能理解其微言大義，將很容易因一陣風浪，而忘掉準則。

本章摘要

◎要學巴菲特，應該直接去看年報，如果這輩子只要看一本投資的書，就看《波克夏年報》。

◎我為了看懂巴菲特理論，約花了兩年半的時間；看懂後學著做，又花了兩年半。這其中說穿了，只是從EPS到RoE，一個觀念的轉換而已。

◎我希望本書能夠成為看懂《波克夏年報》最佳的參考書，請先看完這本書之後，再去念年報，你將會有被雷打到的感覺。

◎大多數人投資股票賠錢的原因
　1. 不懂股價漲跌的基本道理
　2. 常根據不可知的東西在做決策
　3. 不能謹守投資準則

◎巴菲特的六個選股原則（巴六點）
　1. 大型股
　2. 穩定的獲利能力
　3. 高RoE且低負債
　4. 良好的經營團隊
　5. 簡單的企業
　6. 出價

高RoE

我高中的教官常對我說：

「觀念的錯誤，導致行為的偏差。」

Chapter 2

選股看成長性會有盲點

RoE 是巴菲特最重視的指標，用來衡量一家公司的好壞，它比獲利成長率有意義，因為成長有時只是基期較低而已，並不表示真的好。

這就像你有兩個兒子，大兒子每次考試都考90分，小兒子平時考20分，這次突然考了30分，你覺得誰好？在這個例子中，大兒子的RoE是90%，是全班第一名，但成長率是0；二兒子的成長率是50%，RoE儘管從以往的20%增為30%，但仍然不及格。

我即是那個小兒子，國小第一次考試，考兩題注音，我對了一題50分，我還以為考得很好，喜孜孜向母親討賞，結果被海K一頓。當時我也不服，辯駁未來的成長性會很高，但又多被K了一下。自余束髮以來，母親就灌輸我正確的投資觀念，後來我們還搬了三次家。

看成長性，不如看RoE

看成長性來選股，不太可能養成長期投資的習慣，只會流於在高成長股間跑來跑去，因為它會出現幾個盲點：

1. 很容易套在高點，很多成長股常常只好那一兩年而已，而且我們不知道現在的股價是否已反映了所預期的成長率，這個預期也可能看錯。

2. 有些公司的成長全程相當可觀，只是其中一、兩年中斷而已，這時候很可能有人就先跑掉了；等看到恢復成長，想再補回來，往往股價卻已先漲一段，只能徒呼負負。

3. 有些公司每年的成長率只算中等，但續航力卻是驚人，經年
　　以穩健的力道在向上，長期下來總成長幅度卻最可觀。

　　鴻海（2317）即是最著名的例子，它每年獲利的成長率，平均
約只有35%，顯然不如成長股追求者所要求的每年50%或倍數以上
的目標，但這平均35%是過去10年的紀錄，而非僅好一、兩年而
已，長抱鴻海10年可以賺10倍。

　　改用RoE來選股便沒有這些缺點，只要RoE能維持在一定的高
水準，就繼續抱著股票，這樣自然比較不會被洗掉，從下列兩條式
子即可清楚了解：

RoE 1999～2003

$1.34 \times 1.33 \times 1.31 \times 1.33 \times 1.41 = 4.3782$（億豐）

$1.05 \times 1.08 \times 0.71 \times 1.14 \times 1.20 = 1.1014$（友達）

$\quad\quad\downarrow\quad\quad\downarrow\quad\quad\downarrow\quad\quad\downarrow\quad\quad\downarrow$

$\quad\quad$成長$\quad$虧$\quad$轉機$\quad$大需求

　　光看這兩條式子，連三歲小孩也知道要選第一式。可是在股市
許多人卻熱中第二式，因為他們認為第一式的成長性不足，第二式
較具爆發力。（不知是什麼理論？？？）

　　第二式的前兩年是成長股，第三年雖發生虧損，但第四年是轉
機股，第五年有替代映像管的大需求。殊不知這五年中，第一式的
報酬率比第二式多出三倍。

　　這兩條式子用另一種說法來表示，更會覺得它的荒謬。你拿100
萬元要我幫你賺錢，我每年都幫你賺30幾萬元，甚至41萬元，如第
一式，你卻覺得不好、沒爆發力。你說，先把基期搞低一點，第一

年只賺5萬元就好,這樣第二年賺8萬元,成長率就有六成;這樣還不夠好,最好第三年能來個虧損,第四年才能出現轉機,如第二式。

各位讀者,這種說法荒不荒謬?但市場上多數投資人卻樂此不疲。須知過去五年,第二式總共只賺了10萬元,第一式卻賺了338萬元。更重要的是,投資第一式的公司可以過得安安穩穩,不像第二式的七上八下。

當然高RoE與高成長不一定衝突,而且往往同時存在,只不過這個世界沒有永遠成長的公司,但卻有長期維持高RoE者,如可口可樂、吉列刮鬍刀、3M、中碳(1723)等都是,長抱它們的投資報酬率都很可觀。

波克夏投資公司則是長期維持高RoE又保持成長的特例,那是因為它都投資在高RoE的公司,拿著子公司上繳的股息又繼續往外投資,一路繁殖,所以也能維持高成長。

鴻海我不知道它是否會是另一個特例,儘管它過去的成績很傲人,超越之前郭台銘董事長所擔心的營收100億美元天險論,現在又希望在2008年成長到新台幣1兆元。我雖然樂觀其成,但實在有點半信半疑。

內在價值由RoE來定義

不是獲利成長就一定有價值,還要看它投入的資金為何,若「**需要資金卻只能產出低報酬的公司,成長對投資人來說反而有害。**」《1992年報》

　　舉例說明，一家公司原本100元的自有資產可以賺30元，擴廠一倍，再投入100元，獲利增加到50元，成長了67%（＝50/30－1），不過，獲利雖然成長，但它的價值卻在下降，因為原本投資100元可以賺30元，現在投入100元卻只能賺25元（＝50/200）。

　　淨值也不等於價值。打個比喻，淨值是一隻雞的價格，每股淨值（NAV）則是一塊雞肉的價格；可是就一隻蛋雞而言，牠的價值應該是下蛋的多寡，即RoE才對。RoE若高於一年定存利率，股票會有溢價，股價高於NAV，價值高於淨值；反之，則股票會折價，股價低於NAV。由此可見，淨值不等同價值。

　　RoE＞一年定存利率 => 股價＞NAV：溢價

　　RoE＜一年定存利率 => 股價＜NAV：折價

　　內在價值應該由RoE來定義，因為能幫股東賺錢的公司才有價值。成長與淨值都只是構成價值的因素之一，用數學函數來表示就很清楚：

　　內在價值＝RoE＝f（資金成本，成長，淨值，技術，市場，管理，……）

　　空有成長，而不能維持高RoE，無益。**「單以低股價淨值比、低本益比、高股息收益率的方法買進股票，也不叫做『價值投資』，股票更不能一刀切成價值型與成長型兩種。」《1992年報》**

　　內在價值由RoE來定義，所以股價在冥冥之中，會沿著RoE所構成的價值線上下擺動，它的振幅或許暫時受到外在因素影響，如利率的升降、消息面的多空等，但萬變不離其宗，總沿著RoE上下擺盪。

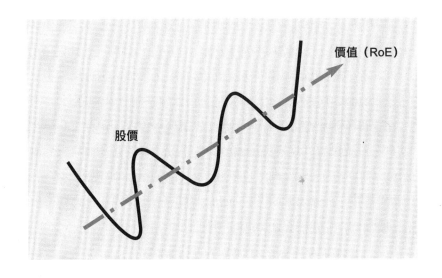

為巴菲特學派正名

很多人喜歡把葛拉漢、費雪（Philip A. Fisher），與巴菲特一脈相傳的學派，稱為「價值投資」，這是一個不正確的稱呼。巴菲特對這個說法就很感冒。在《1992年報》裡，他說：「**所謂『價值投資』根本就是一句廢話，如果所換得的價值不大於付出的成本，那還算是投資嗎？**」

這三位大師對於價值的定義也全然不同，葛拉漢比較接近淨值的觀念，他主張要在淨流動資產（＝流動資產－流動負債）以下的價位買進股票。這是十分保守的觀念，那是因為他處於1929年經濟大恐慌的時代，當時的股票常跌到本益比4倍以下，葛拉漢被市場修理過，所以才會這麼保守，現在可能不容易等到這麼低的價位。

費雪的年代較晚，做投資是在二次大戰以後。費雪強調成長，

認為要成長才有價值，這顯然也是受時代背景的影響，二戰後美國國力達到頂峰，可以找到一堆快速成長的企業。巴菲特並非費雪的入門弟子，只是讀過費雪寫的一本書 《普通股與不普通的獲利》，並登門拜訪過費雪一次而已。

葛、費兩位先生的大作我都看過，以現代投資學的眼光來看，他們所寫的觀念很多已經過時，甚至是不正確的。巴菲特的觀念與這兩位先生不同，**選股首重RoE**，這才是內在價值正確的定義。

巴菲特在年報指出，股票不能以「價值」與「成長」來劃分，所以請不要再用「價值投資學派」來稱巴菲特的理論，因為那會讓人一聽就知道你不懂巴菲特。我建議正名為「巴菲特投資理論」或Buffettology，如瑪麗巴菲特所稱。

另外，身為巴菲特學派台灣傳人的我，也要嚴正指出，Buffett的拼法是兩個t，不是一個t，buffet是自助餐的意思。我是巴菲特的傳人，不是自助餐的傳人，這一點也很重要。

 本章摘要

◎RoE是巴菲特最重視的指標，用來衡量一家公司的好壞，它比獲利成長率有意義，因為成長有時只是基期較低而已，並不表示真的好。看成長性選股，不太可能養成長期投資的習慣，只會流於在高成長股間跑來跑去。

◎RoE 1999～2003
$1.34 \times 1.33 \times 1.31 \times 1.33 \times 1.41 = 4.3782$ （億豐）
$1.05 \times 1.08 \times 0.71 \times 1.14 \times 1.20 = 1.1014$ （友達）
你投資哪一檔？

◎淨值不等於價值。例如，淨值是一隻雞的價格，每股淨值（NAV）則是一塊雞肉的價格；可是就一隻蛋雞而言，牠的價值應該是下蛋的多寡，即RoE才對。

RoE＞一年定存利率 => 股價＞NAV：溢價

RoE＜一年定存利率 => 股價＜NAV：折價

由此可見，淨值不等同價值。

◎公司的內在價值，應該由RoE來定義，因為能幫股東賺錢的公司才有價值。所以股價會沿著RoE構成的價值線上下擺動，它的振幅或許暫時受到外在因素影響，但總沿著RoE上下擺盪。

◎很多人喜歡把葛拉漢、費雪、巴菲特一脈相傳的學派，稱為「價值投資」，這是不正確的。巴菲特認為股票不能以「價值」與「成長」來劃分，我建議正名為「巴菲特投資理論」或Buffettology。

配得出現金最重要

會計學與巴菲特投資理論，
應該列入九年一貫的基本教材，
因為每個人都需要理財，
而且它們比死背周期表氦氖氬氪氙氡、
鋰鈉鉀銣銫鍅有用多了。

Chapter 3

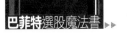
認識財務報表

我在定義「內在價值」時用了幾個比喻，RoE是蛋雞下蛋的多寡，NAV是一塊雞肉的價格，如果你已被我「高明的妙喻」搞到頭昏腦脹，那不妨回歸會計上的定義，可能反而會簡單些。

公司的財務報表主要有兩張：損益表與資產負債表。損益表講的是獲利的盈虧，資產負債表則是表列公司的財產，以及添置這些財產的資金來源。這兩張報表可以用公式表示：

損益表：

淨利＝ 營業利益 →營收－成本（材料＋折舊＋人工）

　　　　 ＋ 　　　　 －費用（行銷＋研發）

　　　 業外收入 →利息＋投資＋處分資產＋匯兌

資產負債表：

資產＝負債＋股東權益（股本＋保留盈餘）

其中，資產依變現的容易與否排列＝流動資產（現金＋短期投資＋應收帳款＋存貨）＋長期投資＋固定資產＋其他資產

每股盈餘（EPS）＝稅後淨利/股數

股東權益報酬率（RoE）＝稅後淨利/期初股東權益

你可能會發現，我RoE的算法跟會計上的算法不同，會計上的定義是：

RoE＝稅前淨利／〔（期初股東權益＋期末股東權益）/2〕

這是因為我是以投資的角度來看，把公司視同一支基金，張忠謀也是基金經理人。我想知道在期初交給他一筆錢，他的績效如

何?所以不僅用期初而非平均的股東權益當分母,連稅與利息也捨去不計,只計算股東最後的所得。

檢查財務報表是投資前最基礎的工作,投資人不必了解繁瑣的會計報表編製細節,只需從投資的角度來解讀;有人在大二時會計被當,補考後才過,現在都可以在大學推廣部教巴菲特投資課。如何從投資的角度解讀會計報表,在本書各節中都會一一說明。

過去5年財報應占選股考量70%

一般人都是以看報紙、看研究報告、觀察產業趨勢、參觀工廠等方式找明牌。報紙寫的,雜音居多,還常企圖以頭條新聞影響行情,套牢一堆無知的讀者。若把股市最高點或最低點時的報紙拿來回顧一遍,那都是一篇篇的笑話。

我現在要看個股新聞,都只在網路上看,財經網站上的新聞是條列式的,比較沒有報紙頭條渲染的效果;而且我看舊聞還重於看新聞,看舊聞可以讓事實現形,可以發現公司有無膨風,記者如何炒作股票。

研究員寫的報告也是一樣,我在1999年看過不只一位研究員對茂矽(2342)的推薦是上看120元,後來竟因不堪虧損而下市了,重整後又重新掛牌。2004年初友達在大漲時,每個人都說面板是未來10年最看好的產業,不到半年⋯⋯大家跑的比飛的還快。

看工廠是蠻有趣的,可以多少了解一下東西怎麼做,不過沒有工廠實務的我們很難看出什麼門道。在1997年,中強(2320)倒閉的前一年,我曾與一群法人去泰國看它的工廠,只見生產線很忙

碌，實在看不出會出問題的樣子。我還跟財務處長打了一場高爾夫球，但也都是報喜不報憂。

老巴說他在做投資時，很少看工廠。《1986年報》：「**說來你可能不相信，查理與我從來沒去過菲契海默位於辛辛那提的總部。幫我們經營喜斯糖果15年的查克，也未曾來過奧瑪哈，波克夏的總部。波克夏的成功若是建立在不斷的視察工廠，現在我們可能早就一堆問題了。**」這一點我也有做到，我在買台積電時，也沒要求張忠謀來跟我報告。

看財報比看工廠更有用

其實選股最好、最快，也最簡單的方法，就是看財務報表，就像要從一堆學生裡挑出會考上台大的，把他高中三年的成績單拿出來看即可，而不是光聽學生吹噓他多用功，更不用晚上到他家看他書唸得多晚。

巴菲特在做併購之前，都是要先看公司過去三年的財務報表。有人可能不會相信，根據《華倫巴菲特的CEO》一書記載，老巴在併購波仙珠寶時，只問這家公司的CEO五個問題：營收、毛利、費用、庫存，與你是否願意留下來為我工作？

巴菲特不買剛設立的公司（start-up），亦絕少碰新上市股（IPO），相反的，他喜歡買的公司是經營階層能幹且有誠信，備受同業推崇的，所以他常向業者與其旗下的經理人打探。「誠信」這種東西太抽象，我的解釋是公司過去的記錄良好，這點正要從財報中才能看出來。

我建議，過去五年的財報應占選股考量的70%，一個學生如果

高中成績一直很爛，卻吹噓他會考上台大，那我們就該心裡有數，他指的是南陽街的「台大」。無論在哪裡聽到了內線或公司美好的願景，麻煩先把公司過去五年的財報拿出來看看，如果很爛，那請把所聽到的數字打個對折。

從好學生中去挑會考上台大的

看公司其實跟看人差不多，想想在學生時代，好學生變壞學生的很多，由壞變好的卻不常見。公司也一樣，好公司變壞的常見，壞轉好的卻幾希。台揚、矽統、大眾……都是好學生變壞的例子；但由壞轉好的，我想了半天，就只億豐一支。

我曾根據財務報表統計過所有上市櫃公司，過去五年RoE大於15%的公司，下一年度RoE仍會大於15%的機率是70%，這意味從好學生中去挑會考上台大的機率，遠大於由壞學生中考上的；建中、北一女考上台大的，真的多很多，所以我主張從好學生中去挑會考上台大的。

巴菲特在《1987年報》裡也表示過相同的看法，他說：「**經驗顯示，高獲利公司的業務型態，現在與5年或10年前通常沒有太大的差別，穩定才是創造高獲利的關鍵。《財星》雜誌的研究，在1977～1986年間，25家能連續10年平均RoE達到25%以上的公司，有24家股價表現超越S&P 500指數。**」實際管過公司的人就能體會，維持長期穩定的獲利，要比創造短期的成長更難。

基金經理人多半沒有實際經營企業的經驗，不切實際的想像總是較多，他們以為能點石成金，像青蛙王子一樣。在《1992年報》

中巴菲特即說：

「過去我看過許多對併購狂熱的經理人，很明顯是小時候青蛙王子的故事看太多。他們腦中只記得美好的結局，慷慨地出高價以取得親吻青蛙的機會，期待會有奇蹟出現。結果都令人失望，但仍不減他們尋找下一次機會的熱情。」

「CEO永遠學不會的教訓，卻由股東來付學費。早年我在擔任經理人時，也曾碰到幾隻青蛙，還好它們是相當便宜，我也沒有那麼積極。但結果與那些花大錢追求青蛙的凱子經理人差不多。我親了它們，它們還是只會聒聒叫。」

我的經驗更慘，親吻青蛙的後果，常咬得我滿口是血。

並不是說壞學生就不可以考上台大，在高中鬼混的同學也可以考上政大，只是機率較低，要挑出他的難度很高。選中轉機股的投資報酬率當然最高，只不過就像樂透一樣，花50或100元去玩，還算有趣又做公益，但要花大錢包牌，那壓力就大了。

巴菲特的選股原則是**「對具轉機的公司沒興趣」**，真是有它的道理，在股市我卻只看到巴菲特一個人這樣講過。我們建議，從好學生中去挑會上台大的，好學生在大盤大跌或月考考差時，也有變得便宜的時候。

選不須苦讀的好學生

好學生有兩種：

苦讀型：每天要唸18小時的書，這只是第二選擇

天才型：一天只要讀2小時即可考上台大，才是上上之選

就公司而言，苦讀型的學生是指一直投入資金去擴廠，而配不出股息給股東的公司。這種公司的缺點是，一旦景氣不佳、產能閒置，固定要提列的折舊費用，馬上會讓公司獲利大幅衰退，甚至虧損連連，不像非資本密集的公司在財務上較有彈性，可以耐得住寒冬。

苦讀型的學生包括資本密集的公司，如台積電；停不住擴張的，如鴻海。這兩家都是好公司，但不是巴菲特的最愛。

巴菲特主張要買天才型的學生，亦即能配得出現金的公司，這個觀念應是他對投資學上最偉大的貢獻。《1993年報》：「**一家好公司能產生多餘的現金（至少在初期之後），超過內部營運所需。公司可以透過配發股息或買回庫藏股來回饋給股東，但卻常被拿去作併購之用。**」這是老巴在收購過無數公司後的經驗談。

在《1991年報》裡，巴菲特曾舉他買的喜斯糖果為例，這家也是老巴聽從副董曼格的建議，首次付出較高溢價去買的公司，讓他體會到品牌的價值往往超出淨值很多。

1972年花2500萬美元買下喜斯糖果，其淨值700萬美元，年盈餘420萬美元，1991年淨值成長至2500萬美元，年盈餘4240萬美元，20年間共配息4.1億美元

分析

1972：RoE 60%（＝420/700），PER 6x（＝2500/420）

1991：RoE 169%（＝4240/2500）

20年間共賺了4.28億美元（＝41000＋2500－700）

卻只須再投入1800萬美元（＝2500－700）

亦即每賺100元只須再投入4元（＝1800/42800）

名詞解釋

本益比PER

本益比（PER, Price Earnings Ratio）是判斷股票賣得貴或便宜的指標，比較購入成本（股價）與每股收益（EPS）的關係。

PER＝股價÷EPS

本益比愈高，表示股票賣得愈貴，用這個價位買進股票，能回本的年數就愈長。例如本益比12倍，指若公司獲利EPS不變，要12年才能回本。所以用太高的本益比去買一檔股票，是很瘋狂的事。

像1999年網路股的本益比動輒飆漲到100倍以上，若公司未來的獲利不能跟上，投資人要等100年才能回本。100年後人類早就上火星了。

本益比的倒數是收益率（earnings yield），收益率＝1/PER＝EPS÷股價。它可以和銀行利息比較，若股票的收益率高於一年定存利率，應把錢拿來買股票；反之，則該把錢存在銀行。

在《1994年報》，巴菲特又舉了史考特飛茲的例子，它是一家控股公司，產品包括寇比吸塵器、世界百科全書與康寶空壓機。

巴菲特在1986年花3.15億美元買下史考特飛茲，其淨值1.72億美元，年盈餘4000萬美元，在完成併購當年，即把帳上多餘的現金配出1.25億美元。1994年淨值成長至9400萬美元，年盈餘8200萬美元。

分析

1986：RoE 85%（＝4000/（17200－12500））

PER 4.8x（＝（31500－12500）/4000）

1991：RoE 87%（＝8200/9400）

根據《永恆的價值》記載，史考特飛茲從1986～1994年，平均每年配息率高達100%，最高在1989年有122%。在年報裡老巴還說，史考特飛茲的RoE可以名列1993年《財星》雜誌前500大的第

四名。前三名是因宣告破產獲得債務豁免,而出現單一年度的盈餘暴增,扣掉這三家,史考特飛茲的RoE應是第一名。

從以上兩個例子,可以充分顯現巴菲特選股的精髓,投資能配得出現金的公司,報酬率實在驚人。

配得出現金才是好公司

能配得出現金的公司才是好公司,這個觀念跟市場傳統看法不同。從前的人認為配股比配息好,表示該公司正處於成長期,有些「企業評價」的書也是這麼寫,但這是錯的,因為它可能是:

1. 根本配不出錢
2. 盲目投資,誤判景氣
3. 成長是靠利滾利得來的

配不出錢來的公司,主要指資本密集的產業,如晶圓廠或面板廠。晶圓廠6吋蓋完要蓋8吋,8吋之後又要蓋12吋,12吋裡又從0.13微米縮到90奈米;面板廠也是要從3代、4代、5代廠一路蓋上來,沒完沒了,而且所需資金愈來愈多。資本密集的公司很難配得出現金來,即使台積電喊著要配息,2004年也只配了一丁點的0.6元。

公司老闆跟我們一樣,在做投資時也會犯錯。1997年晶片景氣在最高峰時,台積電與聯電雙雙喊出4、5000億元的擴廠計畫,這顯然是套在高點。

公司誤判景氣有時候實屬必然,因景氣低迷時雖是好的擴廠點,但當時原有的產能多半還空著,如何增產?一旦產能滿了,要

開始擴產，通常也是景氣的高點，這種惡性循環一再重演。

若有人自認景氣抓得準，在景氣大好、比較好籌資時向股東要錢說要擴廠，拿到錢後卻推說要等到低迷時再來，那鐵定會被罵得很慘。以上就是公司會投資錯誤的原因，所以公司老闆講的話參考就好，不必太在意。

有些公司獲利能夠成長的原因無它，全是用原本該發給股東的保留盈餘來利滾利。巴菲特在《1985年報》指出這個現象：

「當投資報酬率平平時，用利滾利的賺錢方式就不是什麼多好的管理成就，坐在搖椅上納涼也可做到同樣的成績，就像把銀行戶頭裡的錢增加四倍，即可以賺到四倍的利息一樣，是不該得到掌聲的。我們常在資深經理人的退休儀式上歌頌他的成就，卻不去檢驗他的成績，是不是因每年保留盈餘與複利所產生的結果。」

配股與配息若以債券或銀行定存的角度來看，其實只是複利與單利的不同。配股是公司幫股東保留起來再投資，有複利效果；配息則是股東把現金拿回去，只是單利，只要再找另一支股票把股息投入，就同樣有複利效果。如果再回存進去的公司不能維持高RoE，複利不一定比單利好。

公司的最高使命應該是維持高RoE，而非追求成長，若不能維持高RoE，就該把多餘的現金還給股東，讓股東再去尋找別的投資標的。

盈餘再投資率

一般在衡量能否配得出現金的指標，是看配息率，就是今年的

股息占去年盈餘的比率，不過由於公司常有平衡股利政策，會保留部分盈餘以備不好時發放，因此配息率有時候會失真。

例如，億豐在2002年之前均未配發現金股利，儘管它並不是一家需要大量資金的公司。所以，我在2003年3月發明了一項公式「盈餘再投資率」（簡稱「盈再率」），直接去計算資本支出占盈餘的比率。

公式：

盈餘再投資率＝（固資4＋長投4－固資0－長投0）/（淨利1＋淨利2＋淨利3＋淨利4）

資本支出是用於購買機器、廠房、土地的費用，它會顯示在資產負債表上的固定資產與長期投資兩項。把長期投資也算進來，是因有些擴廠係透過轉投資出去的。

盈再率低於40％算低，是我們所喜愛的，大於80％就算偏高，頂多只是第二選擇。這項比率採移動平均數計算，是為了看出長期趨勢，平滑掉單一年度數字的暴增或暴減；年限採四年，是一般產業的景氣循環周期，以求比較基礎的一致。

以下表中的數字為例，中碳1999年的盈再率為：

（617＋743－139－1256）/（280＋271＋298＋193）＝-3％

答案是-3％，這表示賣苯與軟瀝青的中碳，不須添增太多的機器設備，在提列折舊之後，這四年的資本支出數字不增反減。

中碳（1723）近年財務資料

	2003	2002	2001	2000	1999	1998	1997	1996	1995
流動資產	4,387	3,150	2,954	1,426	1,733	1,389	845	1,842	2,305
長期投資	1,078	902	961	830	617	224	192	162	139
固定資產	308	392	469	605	743	914	1,116	1,214	1,256
其他資產	68	76	66	64	49	52	56	60	64
資產總額	5,842	4,520	4,451	2,925	3,142	2,579	2,209	3,278	3,764
股東權益	3,003	2,584	2,537	2,316	1,843	1,806	1,537	1,304	1,099
稅後淨利	847	557	511	568	280	271	298	193	126

中碳（1723）

	RoA%	RoE%	Eq%	四年盈再率%	EPS$	Net$m	YoY%
1995			29		1.2	126	—
1996	5	18	40		1.8	193	53
1997	9	23	70		2.5	298	54
1998	12	18	70		1.9	271	(9)
1999	11	16	59	(3)	2.0	280	3
2000	18	31	79	4	3.6	568	103
2001	17	22	57	7	2.9	511	(10)
2002	13	22	57	8	3.1	557	9
2003	19	33	51	1	4.6	847	52

　　從1999年算起，中碳的盈再率每年都很低，而且是穩定的低，如2000年只有4％，2001年7％，2002年8％，2003年1％，亦即每賺100元，頂多只要再投入8元。

　　讓人驚喜的是，中碳的盈再率這麼低，每年的稅後淨利（Net$m）卻一直攀高，在1995年只有1.26億元，到2003年已有8.47億元。不須苦讀就能考上台上，這完全符合巴菲特最愛的標準。

配息率、流動資產比率可做參考

盈再率應以個股而論，不要以為同產業的公司盈再率會差不

多。我曾比較過統一超（2912）與日本的7-Eleven（8183）發現，同樣品牌的超商，統一超的RoE較高，但盈再率也相對較高，這可能是統一超轉投資效益不彰的緣故。

廣達（2382）與仁寶（2324）同樣是做筆記型電腦的，廣達的盈再率較低，仁寶較高，原因不明；中華電（2412）的盈再率比台灣大（3045）低，這是因中華電比較老牌，需要新的設備較少。

7-11日本（8183）

	RoA%	RoE%	Eq%	三年盈再率%	Net$m	YoY%	淨值$m
2/1/2001	12	16	76		80,192	—	575,100
2/1/2002	11	14	75		81,716	2	597,491
2/1/2003	10	14	75	14	82,825	1	635,852
2/1/2004	11	15	72	8	93,135	12	639,016

統一超（2912）

	還原	RoA%	RoE%	Eq%	四年盈再率%	EPS$	Net$m	YoY%	NAV$	股息	股票
1996	236.6	18	33	57		4.0	1,120	46	15.4	0.65	2.60
1997	187.3	15	27	57		3.3	1,158	3	14.8	0.65	2.60
1998	148.1	15	27	56		3.2	1,404	21	14.6	0.59	2.36
1999	119.4	15	26	53	102	3.2	1,675	19	14.7	0.96	1.80
2000	100.3	12	23	49	126	3.0	1,786	7	14.6	1.12	1.68
2001	84.9	10	21	46	123	2.7	1,843	3	14.4	1.00	1.50
2002	73.0	12	26	47	149	3.4	2,592	41	15.2	1.12	1.13
2003	64.6	15	31	50	115	4.3	3,682	42	16.1	1.78	1.12
2004	56.5									2.64	0.66
	50.5										

廣達（2382）

	還原	RoA%	RoE%	Eq%	四年盈再率%	EPS$	Net$m	YoY%	NAV$	股息	股票
1996	1,588.4	29	60	28		8.7	916	254	22.8	0.50	0.00
1997	1,587.9	64	228	56		26.8	5,445	494	38.3	0.50	9.00
1998	835.5	64	115	62		21.7	9,213	69	39.8	1.00	10.00
1999	417.2	34	54	66	45	8.0	9,249	0	22.2	1.20	16.80
2000	155.2	22	33	68	44	5.2	8,551	(8)	19.4	2.00	4.00
2001	109.5	26	37	58	42	5.7	11,933	40	19.4	2.00	2.50
2002	86.0	16	27	49	39	4.4	10,850	(9)	19.6	2.50	1.50
2003	72.6	13	27	47	33	4.8	13,252	22	22.2	2.00	1.00
2004	64.2									2.01	1.00
	56.5										

仁寶（2324）

	還原	RoA%	RoE%	Eq%	四年盈再率%	EPS$	Net$m	YoY%	NAV$	股息	股票
1996	243.3	18	24	56		3.9	1,159	304	20.6	0.50	1.50
1997	211.1	25	45	76		6.7	3,398	193	31.6	0.00	3.00
1998	162.4	20	27	80		5.8	4,871	43	28.0	0.00	4.00
1999	116.0	18	23	75	115	4.6	5,398	11	24.3	1.00	3.50
2000	85.2	16	21	65	123	3.8	5,983	11	20.7	2.00	3.00
2001	64.0	11	17	67	92	2.7	5,403	(10)	19.1	0.50	2.50
2002	50.8	13	20	52	88	3.2	7,919	47	18.3	0.50	2.00
2003	41.9	13	24	55	56	3.8	11,312	43	19.6	1.00	1.50
2004	35.6									2.05	0.71
	31.3										

中華電（2412）

	還原	RoA%	RoE%	Eq%	四年盈再率%	EPS$	Net$m	YoY%	NAV$	股息	股票
1996	84.6			82		4.8	45,867	—	33.8	0.00	0.00
1997	84.6	11	14	78		4.7	44,901	(2)	33.3	0.00	0.00
1998	84.6	13	17	75		5.7	54,479	21	34.0	4.06	0.00
1999	80.6	10	13	74		4.3	41,653	(24)	36.9	4.99	0.00
2000	75.6	8	11	72	19	4.2	40,618	(2)	34.8	4.76	0.00
2001	70.8	8	11	76	33	3.9	37,271	(8)	35.8	5.80	0.00
2002	65.0	9	13	75	35	4.5	43,227	16	36.2	3.50	0.00
2003	61.5	10	14	86	14	5.0	48,488	12	41.3	4.00	0.00
2004	57.5									4.50	0.00
	53.0										

台灣大（3045）

	還原	RoA%	RoE%	Eq%	四年盈再率%	EPS$	Net$m	YoY%	NAV$	股息	股票
1996	85.1			97		0.0	4	—		0.00	0.00
1997	85.1	(5)	(5)	75		(0.5)	(301)	na	9.5	0.00	0.00
1998	85.1	47	63	54		4.5	3,582	na	12.2	0.00	0.00
1999	85.1	18	33	47		3.2	6,016	68	13.2	1.80	0.00
2000	83.3	25	54	52	259	5.1	14,154	135	14.4	0.00	3.80
2001	60.3	22	42	56	186	4.6	16,750	18	15.8	0.00	3.20
2002	45.7	14	25	45	157	3.3	14,937	(11)	14.3	1.90	1.90
2003	36.8	9	21	53	86	2.9	13,344	(11)	14.7	2.00	0.40
2004	33.5									2.38	0.00
	31.1										

　　此外，資本密集的公司，盈餘再投資率不一定就會高，只要它不再大幅擴充。如中鋼在2001～2003年的盈再率都是負的，分別是-8%、-23%與-11%，這幾年它的配息率都在75%以上。

　　配息率或流動資產比率，可以用來概估盈餘再投資率的高低，只要兩者之一是高的（大於60%），盈再率也會比較低。

名詞解釋

流動資產比率
流動資產是指短期（通常是一年內）可變換成現金的資產，包括現金、股票（短期投資）、應收票據，及帳款、存貨及預付費用。
公式：
流動資產比率＝流動資產/資產，比率愈高，代表公司應變能力愈強。

名詞解釋

自有資本率Eq%
自有資本率Eq%是負債比例的相反，它是衡量公司資金狀況的指標之一。一般認為，自有資本率在75%以上，算財務健全的公司，50～75%是中等，以下則是不良；但盈再率低的公司可以容許負債高些，50%以上都算正常。
公式：
Eq%＝1－負債/資產＝股東權益/資產

在上表中，除了RoE還列了RoA（Return on Asset）資產報酬率＝稅後淨利/期初資產。

例如：1999年RoA 11%＝280/2,579，RoE 16%＝280/1,806

這個算法也與會計上的不同，會計上的算法是：

RoA＝（稅後淨利＋利息費用）／〔（期初資產＋期末資產）/2〕。

資產報酬率RoA（Return on Asset）

資產報酬率是衡量公司運用資金的效率，總共動用多少資金結果又賺了多少錢，資產即公司可動用的總資金，包括淨值與負債。

RoA＝稅後淨利/期初資產，比率愈高，表示公司運用資產獲得利潤的效率愈高。

名詞解釋

評價一家公司，主要是看RoE，而非RoA，因為：

1. RoE才是股東最終的報酬率。RoA與RoE的關係延續之前考試分數的比喻，RoA是原始分數，把負債的部分都一視同仁，RoE則是用負債加重計分後真正錄取的分數。

2. RoA會因各行業而不同，無法做通盤的比較，如金融業的RoA都很低。

3. RoA在合併報表上，會因按比例認列子公司的負債而被稀釋，在解讀上恐會失真。

例如，母公司資產100元，無負債，若投資10元在一家子公司上，占股50%，子公司有負債20元與股東權益20元，在母公司的合併報表上，資產會因認列子負債增為110元，RoA被稀釋，但股東權益仍為100元，RoE不變。

母：資（90＋10）＝債（0）＋股（90＋10）

子：資（40）＝債（20）＋股（10＋10）

→母合併報表：資（90＋20）＝債（10）＋股（90＋10）

RoE與RoA的關係可以用Eq%來概算，RoE＝RoA／Eq%

18％優惠定存

巴菲特的最愛：維持高RoE＋低盈餘再投資率
也只有這種股票才能長期投資

選擇「能維持高RoE＋低盈再率」的股票，有點像在存18％優惠定存，你不必管銀行的獲利會不會成長，只要關心這18％的利率能否維持下去，不會被調低，銀行是否每年都配出利息，以及你的本錢在不在。

即便這家銀行的優惠定存有限額也沒關係，領了利息再找另一家去存便是。只要確定每一筆存款都能享有18％利息，總資產就會成長。

舉一個有點怪的例子，把100元存到甲銀行，有18％的利息，亦即銀行須賺18元來付你利息。一旦甲銀行不能再賺到那麼多錢了，而你仍想保有每年18％的利率，這時只要把本金提出一半來存到乙銀行，兩家銀行只要各賺9元，即能享有原來的利率。這其中能提存到別家的關鍵，就是要存在能配得出現金的銀行才可以。

@18％，$100存甲銀行（$18）--> $50存甲銀行（$9）

　　　　　　　　　　　　　　＋ $50存乙銀行（$9）

公式證明

我們可以用公式證明，為何要買「維持高RoE＋低盈再率」的股票。

投資唯一目的，即希望投資報酬率最大，在計算股票的投資報酬率時，除了原有的買進價外，還要把保留盈餘加進來，那是被迫自動再投入的部分。

例如：投資500元在一家每年都賺90元，但保留盈餘54元的公司，各年的投資報酬率分別為：

第一年：90/500＝18％

第二年：90／（500＋54）＝16.2％

第三年：90／[500＋（54＋54）]＝14.8％

第n年：EPSn／（買進價＋保留盈餘）

……

我故意舉一個獲利不成長的例子，目的在凸顯保留盈餘對投資報酬率的影響。不要以為公司獲利持平，每年的投資報酬率也會不變，若配不出現金來，投資報酬率下降得很快。

這表示長期投資不是「隨便買、隨時買、不要賣」這麼簡單，如果不要賣就會賺錢，那世界上每個人都是大富翁，只要賣一張從宋朝留下來的股票就發了。

希望投資報酬率最大，所以公式取max（最大值）

max投資報酬率＝max EPSn／（買進價＋保留盈餘）

$\Longrightarrow$ max EPSn＝max RoEn × NAV n-1

　　min（最小值）保留盈餘＝低盈再率

　　min 買進價

以上三者同時成立，投資報酬率最大

要max EPSn成立，max RoEn或max NAV n-1均可

但max NAV n-1與低盈再率衝突，盈再率因在分母貢獻度較高

故選max RoEn，亦即維持高RoE

請不要看到max就被嚇到，上述的討論只是國小二年級的數學，分式的比較大小。在分子相同的情況下，分母大的小於分母小的，如3/9＜3/6。

在用公式證明出巴菲特的理論恆為真時，巴菲特理論成為我的信仰，它是真理，它就是道路；取max讓我更加興奮，因為它表示我的信仰是可以賺大錢的事，而非那些不懂的人所以為，只是穩定獲利而已。

本章摘要

◎ 檢查財務報表是投資前最基礎的工作，投資人不必了解繁瑣的會計報表編製細節，只需從投資的角度來解讀。

◎ 以好學生來分，公司有兩種：苦讀型的好學生是指一直投入資金去擴廠，但配不出股息給股東的公司。這種公司一旦遇上景氣不佳、產能閒置，固定要提列的折舊費用，馬上會讓公司獲利大幅衰退，甚至虧損連連，這不是巴菲特的最愛。

巴菲特主張要買天才型的學生，亦即能配得出現金的公司，這個觀念應是他對投資學上最偉大的貢獻。

◎ 公司的最高使命應是維持高RoE，而非追求成長，不能維持高RoE，就該把多餘的現金還給股東，讓股東再去尋找別的投資標的。

◎ 我發明了一項公式「盈餘再投資率」，用來直接計算資本支出占盈餘的比率，這比配息率更能看出公司是否配得出現金。

盈餘再投資率＝（固資$_4$＋長投$_4$－固資$_0$－長投$_0$）／（淨利$_1$＋淨利$_2$＋淨利$_3$＋淨利$_4$）

◎ 盈再率低於40％算低，是我們所喜愛的，大於80％算偏高。這項比率採移動平均數計算，是為了看出長期趨勢，平滑掉單一年度數字的暴增或暴減；年限採四年，是一般產業的景氣循環周期，以求比較基礎一致。

好公司的特質

好學生的特質：
台大的學生都很聰明，
政大的學生則比較用功，
所以才會無聊到把英文的《波克夏年報》念四遍。

Chapter 4

簡單的判斷竅門

選擇高RoE股最難確定的一點是，它能否一直好很久？因為我們看過太多所謂的好公司總是曇花一現，例如華通（2313）、台揚（2314）、精英（2331）、永大（1507）……

有些公司雖然沒變得那麼差，還維持一定的獲利水準，只不過與昔日的輝煌不能相比而已，長期持有它一樣賺不到錢，例如過去五年投資華碩（2357）、廣達的人即是。

華碩的RoE在1999年是46％，到2003年降為17％，廣達在1999年54％，2003年掉到27％。這是因為RoE下滑，會造成本益比向下調整，獲利能力變差了，股價就沒理由太貴。所以在選擇股票時，對超高的RoE都應敬謝不敏，先觀察個兩年再說，請參見圖一。

RoE↓ ⇨ PER↓ 　 RoE↑ ⇨ PER↑

我們有興趣的是，過去幾年的RoE能穩定向上（圖二），或維持在一定水準（圖三）的公司。盈餘再投資率低的公司，有比較高的機率維持穩定的RoE，因為配得出現金，淨值不會愈吃愈胖。但這還不是絕對，仍須再檢定幾項特質，才能進一步提高勝算。

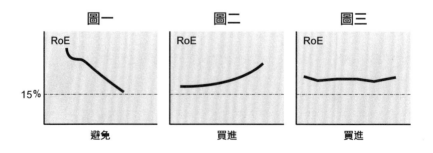

巴菲特在《1996年報》裡講過：「**如果不打算持有一支股票10年以上，那最好連10分鐘都不要擁有它。**」不是一定要抱10年，而是在買股票之前要想想這個好學生的特質（economic characteristics），10年後會不會變，這一點在選股時是很重要的。economic characteristics是巴菲特的用字，又長又難念，我把它翻成「好學生的特質」，因為它的意義比競爭優勢廣些。

這個工作有點難，卻不太難，它通常要花我長達兩分鐘的時間去想。有一個簡單的竅門是，只要先看看過去10年這個特質有無變過即可。如果過去常常在變，未來一定會變；過去10年沒變過，那未來10年會變的機率就比較低。

因此，選股絕不是叫你去預估未來10年公司的獲利，而是要思考你想買它的特質，在10年後會不會變。

檢視體質比量的預測更重要

我們一直主張，買賣股票所須抱持的態度應該跟婚姻一樣，你未必要和你的伴侶白頭偕老，可是在論及婚嫁時，一定要有共度一生的誠意，婚後更不要因別人的閒言閒語而有二心，唯有如此，才不會被愛情的騙子傷害。所謂「不要跟股票談戀愛」，其實是不對的。

巴菲特在分析一家公司時，著重的正是它是否有長期的競爭優勢。例如被他一再大力讚揚的內布拉斯加家具店，在《1983年報》中，巴菲特認為它的好，是因為有最低營運成本與最高坪效，所以總能以最低價吸引不遠千里而來的客人。它的低價甚至被對手控告違反公平交易法，官司後來不成立，法官還去店裡買了一條

地毯。

內布拉斯加家店的老闆布蘭金夫人是位傳奇人物,一次大戰時由俄國偷渡到美國,她的英文是跟上小學的女兒學的。布蘭金夫人工作勤奮、全年無休,甚至到104歲去世的前一年,還一直在店裡照料。巴菲特大加讚賞她是企業經理人的典範,在《1983年報》裡,老巴笑稱,他寧可與灰熊對打,也不與布蘭金夫人競爭,真是「灰熊」厲害。

在《1983年報》裡,巴菲特還分析另一家他併購的公司《水牛城新聞報》,新聞洞(news hole,新聞占版面的比率)與住戶訂閱率,是他評價一家報社的指標。老巴堅持一份好的報紙新聞量要夠,而非以圖片或八卦消息來譁眾取寵;高比例的新聞還有助於吸引讀者,增加住戶訂閱率。

國內研究員對基本面的研究,似乎有點走火入魔,常在追求下個月營收能不能創新高,這是不可能的任務,而且股價也不是按照營收是否創新高、或產業淡旺季在漲跌。

每當我看研究員在推薦某支股票,看好時說它未來幾年好得不得了,不久之後又因為營收衰退,就把評等調降,讓我覺得很莫名其妙。這就像你說你兒子是天才兒童,未來會考上台大醫科;可是一次月考考差,竟然就把他趕出家門,還好,我的父親不玩股票。

選股應該像栽培學生一樣,要求的是好學生能保持水準,不要中途學壞,而不是要求他的成績每個月都要創新高,質的檢定比量的預測更重要。

好公司的3個必要條件

長期不會變的好公司特質有哪些呢？我把它歸納成三點

1. 經久不變的產品

2. 獨占/名牌/高市占率

3. 多角化能力強

從以上三點，我們也得到選股準則：

過去五年高RoE → 低盈再率 → 經久不變/獨占/多角化

（順序不可顛倒）

我所歸納的三項特質，經久不變/獨占/多角化，足以涵蓋各種可能的競爭優勢，低成本的廠商如內布拉斯加家具店，必然也會成為高RoE與高市占率的公司。

銷售產品經久不變，是維持高獲利的特徵

銷售的產品經久不變，常是某些公司得以維持高獲利的重要特徵，因為它的變化不大，原先的優勢比較容易保持，被新產品或新技術替代的機會也較小。巴菲特說：「**我們喜歡簡單的企業，若牽涉到太多科技，將超出我們的理解範圍。**」原因就在此。

在《1993年報》中，老巴曾舉例說：「**我們在30年前是否就能預知現在電視或電腦產業的演進？當然不能（就算是企業經理人也不行），那為何要認為可以預測其他變化快速的產業呢？**」

這讓曾是電子股研究員的我倍感汗顏，因為我們最愛談的就是產業未來趨勢，有無殺手級的產品可以帶動需求……但總是談過後就忘記，因為與後來成真的東西總是差很遠。

在《1996年報》中，老巴換了個例子再闡述：「**當然，所有的產業都會改變。今日喜斯糖果的經營形態，與當初我們在1972年買下它時已大不相同。不過人們購買盒裝巧克力，而且一定會向喜斯買的理由，打從1920年代喜氏家族創立以來，即未曾改變過，在往後20年，乃至50年都不會改變。**」所以，要做一位好的投資家，可能不是去逛光華商場，而是買巧克力送給女友。

不會變：可樂、刮鬍刀、巧克力、珠寶⋯⋯

會變：DVD、數位相機、遊戲軟體⋯⋯

DVD產業未來會不會變？用我前面所講的竅門，看看過去10年有無變過即可知。DVD之前是CD-R，錸德（2349）、中環（2323）當時曾大賺，再往前是3 1/2吋磁碟片，佳錄（2318）、中環也很風光，但現今佳錄就很慘了。再向上看是5 1/4吋磁碟片，我還記得它剛推出的那一年，一片360KB容量的磁片要賣100元，當時吃一頓自助餐只要20多元而已。

想想過去10年，儲存媒體變化如此快速，被淘汰的公司更多，試想當DVD又被替換時，現在因設計DVD播放機控制晶片而大發利市的公司，還能維持優勢嗎？這裡就有問號產生了。

5 1/4吋磁片（TDK）→3 1/2吋（佳錄、中環）→CD-R（錸德、中環）→DVD（聯發科）→ ？

關於遊戲軟體產業，我有位朋友謝志堅先生是位電子新貴，有相當透徹的觀察。以下是他在我們的「依媚兒論壇」上，談到對網龍（3083）的看法：

這間公司應該是網龍，是智冠的子公司，我投資過，受傷頗重，我覺得這間公司的優缺點如下：

優點

1. 網龍財務健全、無舉債、現金流量高，無固定資產投資需求，員工不多，就算生意普普，也不容易有財務危機。

2. 網龍專事研發網路遊戲，然後透過智冠的通路行銷，無高額行銷費用，純粹是研發人員支出，不必靠授權看國外（如韓國）的臉色，不會任人宰割。

3. 遊戲以中國歷史文學為主，在大中華市場頗吃得開，如營收主力「金庸群俠傳」就讓網龍賺了三年之久。

4. 海外布局可以依靠智冠，且多以授權為主，不必承擔海外公司的經營風險。遊戲橘子就因經營日本子公司，海外連年虧損使股價至今仍不見翻身之日

5. 董監持股50％以上，籌碼穩定。

缺點

1. 自製遊戲雖無權利金支出，但因沒有經過市場考驗，掛掉的風險也大，且國內遊戲研發人才難尋，萬一被挖角，肯定很慘。

2. 國內線上遊戲市場趨於飽和，每年均有超過100款新遊戲進入市場，真正成功的沒幾套，產業風險性高，若無法跨出台灣，將無法生存。

3. 遊戲廠商通常過度依賴某一款遊戲，只要該款遊戲新鮮感退去就營收大減，網龍就是因為「金庸群俠傳」進入尾

聲，新遊戲又無法順利銜接而導致崩跌。

營運實績

1. 網龍曾名列台灣成長最快50大公司，但好景不常，2004年第一季營收就衰退了30％，稅前盈餘衰退70％，顯示這個產業的經營風險和不確定性相當高。

2. 自2001年以來的RoE逐年快速下降，2004有可能掉到20％左右，與2001年的50％有天壤之別。

3. 網龍依靠大陸子公司的比重愈來愈高，但大陸網龍並沒有爆發性成長，且台灣網龍已有了衰退的現象，造成盈餘無法提升。

個人看法

1. 網龍股價已經跌到這個地步，個人認為也沒有再大跌的機會了，除非新遊戲全部死翹翹，建議買進放著，未來應該有機會。

2. 網龍遊戲完全自製，過度依賴單一遊戲撐檯面，雖有可能因某款遊戲變成黑馬，但風險相當高，至少先等台灣營收回穩再投資還不遲。

3. 母公司智冠橫跨代理、遊戲通路、研發等領域，已是東南亞最大的遊戲集團，且有赴NASDAQ掛牌的利多，淨值也高（41元），投資網龍，不如投資智冠（也已跌到四年來低點）。

大概是這樣

路見不平的謝志堅7,9,2004

我不像阿堅哥那麼專業,可以對遊戲軟體講出一篇大道理。看完他的高見,我的結論是這種產業會變,而且還是大變,像遊戲橘子(6180),上市以來買過的人都是滿肚子大便。

獨占/名牌→高市占率

特許行業是巴菲特最愛買的,所謂特許是指獨占與名牌,最明顯的例子是收過路費的橋。巴菲特買的《水牛城新聞報》,在幹掉《水牛城快報》之後,成為當地唯一家的報社,獲利也從1978～1982年的連年虧損,變成每年都可賺5000萬美元。

名牌是一種賣得愈貴大家愈搶著要的東西。巴菲特講得比較斯文:「**所謂的消費者特許權,是指大家偏愛而願意付額外的代價購買某個牌子的產品。**」

「**有特許權的事業可以輕易提高價格,而且只須額外多投入一些資金,便可增加銷售量與市場占有率。**」

獨占與消費特許的選股觀念,是費雪首先在《普通股與不普通的獲利》書中提出,巴菲特承襲自他的觀念。

Burberry、PRADA、LV即屬此類,一支Burberry的雨傘要價7000元,超商賣一支才100元。對巴菲特的信徒而言,看到名牌不是去買它的商品,而是去買它的股票。不知有哪些名牌的人,跟著女友逛街便知,當然要記得帶張白金卡。

享有高市場占有率,是獨占與名牌公司的重要特徵,投資人要觀察的是它的地位在未來會不會變。台積電(2330)、台塑(1301)、中華車(2204)、統一超、中鋼(2002),是台灣最經

得起時間考驗的公司。

　　台積電過去20多年全球晶圓代工市場占有率都在50％以上，無論其間遇到特許半導體、IBM與中芯的挑戰，都不曾撼動它的地位。中華車也有同樣優勢，它在台灣商用車的銷售市占率，一直以來都在70％左右，休旅車則有34％。

　　挑選特許行業的最高境界，是買進連白痴都會經營的公司，任誰來當CEO都不會變。中鋼這幾年換了幾任的董事長，都非常賺錢，這要歸功於景氣的大好、全體員工的效率，以及它在台灣鋼品市場幾近壟斷的地位。

　　有時候整個環境的變化，會導致一些老牌的特許公司，突然失去原有的優勢。老巴早年非常看好無線電視，曾大買首都市/美國廣播公司（Capital Cities/ABC）（1985年兩家公司合併），還稱讚首都市的董事長湯姆墨菲「**不但是偉大的管理者，也是你會希望把自己女兒嫁給他的人。**」

　　這句話我相信老巴應該會很後悔把它寫在《1985年報》上，因為後來有線電視興起，大幅侵蝕無線電視的市占率，ABC的優勢不再，巴菲特就把它賣掉了。

　　就是這一次，我才發現，即使是偉人吃燒餅也會掉芝麻。

　　台灣的無線電視也如美國面臨鉅變，老三台在有線電視未出現之前，每家都肥滋滋，那時有誰想到要上市。近年來一下子蹦出逾60個頻道，老三台的收視率就差了，中視（9928）雖趕著上市，沒幾年即發生虧損。

　　另一個正在面對千古未有之變局的特許行業是電信業。手機業務開放後即呈戰國時代，固網也有隱憂，例如以往油水最肥的國

際通話，我現在跟在香港的同學聯絡，都透過MSN，費用是零。

多角化

　　巴菲特不喜歡高科技股，因為產品變化太快，難以確定其長期的獲利能力。不過就我的觀察，高科技或製造業仍有一些公司，具有極強的產品升級或多角化能力，能與時俱進，進而維持高RoE。它的產品雖然會變，但強大的製造能力卻不變，這點應亦符合老巴的原則。

　　巴菲特曾買過奇異與通用動力（GD）之類的科技股。奇異是全美最大市值的公司，產品涵蓋航空、家電、引擎等。通用動力的產品則有潛水艇、坦克、太空科技，老巴看上這兩家公司的原因，應是它們多角化的能力。

　　台灣的電子公司多角化能力最強的，首推鴻海與明基（2352）。鴻海從連接器做到機殼、主機板，再到手機、PS2，營收從1991上市那年的23億元，直線上升到2003年的3277億元。明基從鍵盤、監視器，做到液晶螢幕、光碟機、手機等，營收從1996年上市的275億元，上升到2003年的1087億元。

選股順序不可顛倒

　　我們在選股時，順序不可顛倒，應先從高RoE中去看是否為低盈再率，再進一步檢定多角化、經久不變與獨占，而非一家原本獲利很爛的公司，只宣稱要多角化到其他產品，就幻想它未來會有高RoE。

　　巴菲特在《1995年報》中，即以一則真實故事為例。他說，有一家公司原來本業還不錯，只是成長性不足，公司聘請了一位管理顧問，建議它要多角化。經一連串併購後，10年過去，原先公司的總獲利100%來自本業，經多角化後竟變成150%。

　　巴菲特是個冷笑話高手，在他長篇大論的年報裡，處處可見他的幽默，這則笑話我上課時講給同學聽，總得不到回應，我想，它可能比較適合寫在書上。

2項充分條件，避開地雷公司

　　必要條件：過去五年高RoE➔低盈再率➔經久不變/獨占/多角化（順序不可顛倒）

　　以上的準則我們稱為必要條件，在選股時要一一嚴格檢定；另外我們還設了兩個充分條件，所謂充分條件是指會納入考慮，但不一定要絕對遵守的準則。

　　1. 上市未滿兩年者少碰

　　2. 年盈餘高於新台幣5億元的才買

　　設這兩個充分條件的目的，是要過濾掉一些可能早夭或作假帳的公司，就像一個人要長到一定的年紀（年盈餘）才算「轉大人」一樣。

　　這種公司在台灣股市屢見不鮮，我每次翻閱四季報，看新上市櫃的公司，總是非常納悶，有為數還不少的公司，創立好多年都不太賺錢，但總在上市前三年開始大賺，而且又常常在上市兩年後獲利即衰退。為了避免踩到這種地雷，我們設立了第一個充分

條件。

　　第二個條件，年盈餘高於新台幣5億元的才買，這是仿照「巴六點」中的第一點。老巴要每年盈餘大於5000萬美元以上的公司才買，這是他定義大型股的方法。

　　他從公司每年的獲利來選股，與一般以股本或市值來算不同，單看這點就可顯示巴菲特的確聰明過人，因為對投資人而言，要的是收益，而不是股本，一間賺不了錢的公司，股本大只是一具空殼而已，並無意義。

還要觀察應收帳款與存貨的周轉率

　　除了這兩點充分條件，投資人也應查看一下資產負債表上幾個最可能被動手腳的項目，包括現金、應收帳款、存貨。這幾個數字要看它過去兩年逐季的趨勢，包括金額與周轉率的變化，金額要看它有無暴增，周轉率看它有無降低。

應收帳款周轉率
應收帳款周轉率是用來衡量企業在特定期間內，收回應收帳款的能力。數值愈高，表示該公司信用即收款政策愈佳，或過分收縮信用；若數值偏低，則表示公司收款條件或政策不佳，或過分擴充，也可能是客戶財務出現困難。
公式：
應收帳款周轉率（次）＝營收/應收帳款。

名詞解釋

　　應收帳款周轉率與存貨周轉率，依各產業而有不同，亦即做主機板的、做晶圓的或做筆記型電腦的都不同，只能做同業間的比較，以該產業中的第一名為標竿，即可比較出它的好壞。

存貨周轉率

名詞解釋

存貨周轉率用以衡量公司存貨周轉速度，間接顯示公司銷售商品的能力與經營績效。存貨周轉率愈高，表示存貨愈低，資本運用效率也愈高；但比率過高時，也可能表示公司存貨不足，導致銷貨機會喪失。若存貨周轉率愈低，則表示企業營運不佳，存貨過多。

公式：

存貨周轉率（次）＝營收/存貨。

　　例如主機板的優等生是華碩，做比較時不妨以它為標準，它的應收帳款年周轉率約為四次，存貨年周轉率為七次，年周轉率＝季周轉率×4。

　　這個方式的確曾讓我檢查出一家可疑的公司。在2001年第三季的報表中，我發現這家公司的存貨金額暴增，儘管存貨周轉率還算正常，但已讓我心生警惕；後來果然在2002年出現嚴重虧損。現在這家公司在打消存貨之後，已恢復正常。

可疑公司的財報，2001/3Q存貨暴增，讓我心生警惕

	1Q03	4Q02	3Q02	2Q02	1Q02	4Q01	3Q01	2Q01
應收帳款	1,425	1,475	2,019	1,578	2,669	2,321	2,626	1,289
存貨	215	148	408	458	866	836	1,065	432
應收周轉率（次）	1.4	0.7	1	0.7	0.7	1	0.9	0.9
存貨周轉率（次）	11.3	4.5	4.3	2.1	1.8	2.2	2.4	2.8
營收	2,082	1,295	1,876	1,486	1,770	2,356	2,106	1,223
稅後淨利	100	(575)	(212)	(418)	96	26	177	211

　　不過光看這幾個數字與周轉率，要斷定一家公司是否有作假帳，其實是很困難的。我的會計師告訴我，單憑兩張簡式財報是不容易看出來的，還要看長式報表、甚至要實地查帳才能查出，但這

兩個動作對一般投資人而言，卻是不可能的事，所以我才列出兩項充分條件。它們看似簡單，有時卻是保命符。

另外，我也鼓勵投資人，有疑慮就該直接打電話問公司，問公司發言人或財務部主管，即使他是個隱惡揚善的傢伙，也比自己胡思亂想的好。不必客氣，不管有沒有它的股票，就說你是股東，公開發行公司本來就有義務回答你的問題。

當然，公司給你的答案只是參考，真偽仍須靠投資人自己判斷。在1991年，一家做印刷電路板的公司國勝（2309）發生跳票，我打電話去問，該公司財務部的小姐竟還睜眼說瞎話，說跳票的票子已經取回，結果不到兩天國勝即倒閉了。這是與公司打交道不好的經驗。

也有一些喜劇。宏碁（2306）在1991年以前業績不佳，當時要去拜訪它都吃閉門羹；有一次還要我先出示公文，詳列問題送審，後來還是回絕不見。不過在1992年，公司出現轉機了，不僅見了我們好幾攤研究員，還請我們吃飯，當時我即感覺到不一樣了。

本章摘要

◎選股絕不是去預估未來10年公司的獲利，而是要思考現在想買它的特質，在10年後會不會變。

◎長期不變的好公司有三個特質：

　1. 經久不變的產品

　2. 獨占/名牌/高市占率

　3. 多角化能力強

◎三個主要選股準則：

過去五年高RoE → 低盈再率 → 經久不變/獨占/多角化

（順序不可顛倒）

選股時，應先從高RoE中去看是否低盈再率，再進一步檢定多角化、經久不變與獨占；而非一家原本獲利很爛的公司，只宣稱要多角化，就幻想它未來會有高RoE。

◎除了三個選股必要條件外，還要有兩個充分條件：

1. 上市未滿兩年者少碰

2. 年盈餘高於新台幣5億元的才買

◎銷售的產品經久不變，是某些公司能維持高獲利的重要特徵，因為它的變化不大，原先的優勢比較容易保持，被新產品或新技術替代的機會也較小。

◎特許行業是巴菲特最愛買的，所謂特許是指獨占與名牌。享有高市場占有率，是獨占與名牌公司的重要特徵，投資人要觀察的是它的地位，在未來會不會變。

◎高科技或製造業仍有一些公司，具有極強的產品升級或多角化能力，能與時俱進，進而維持高RoE。它的產品雖然會變，但強大的製造能力卻不會改變，這點也符合巴菲特的原則。

◎投資人應察看資產負債表上幾個最可能被動手腳的項目，如現金、應收帳款、存貨等，包括金額與周轉率都要檢視，不能掉以輕心。

巴菲特概念股的威力

不只美國才有可口可樂這類的公司，
台灣也有比它更會漲的股票。

Chapter 5

老巴的5檔「永恆持股」

巴菲特買的公司

1960年代：
美國運通、太陽報、華盛頓月刊

1970年代：
華盛頓郵報、喜斯糖果、水牛城新聞報、多元零售

1980年代：
時代華納、藍籌郵票、內布拉斯加家具、史考特飛茲、世界百科全書、
火炬公司、菲契海默、弗迪麥、可口可樂、吉列、美國航空、波仙珠寶
店

1990年代：
M&T銀行、布朗鞋業、德斯特鞋業、賀茲柏格珠寶店、蓋可保險、麥當
勞、華德迪斯奈、首都市/美國廣播、威利家具、國際飛安、星辰家具、
所羅門、旅行家金融集團、國際乳品皇后、通用再保、白銀

資料來源：《永恆的價值》

2000年以來：
中美能源、科特辦公室家具出租、美國責任險公司、班橋珠寶、賈斯汀
靴子、磚塊、蕭地毯、班摩爾油漆、強曼隔熱板

看到這些公司，不知你是否跟我一樣，有想打瞌睡的感覺，這
些股票有報紙、製鞋、珠寶、保險、家具業等，一點也不sexy。若
不是這些公司讓巴菲特成為世界首富，我連看都不看一眼。

下一段話更可怕，在《1988年報》中，老巴寫著：「**去年我把
它們取名叫做七聖徒：水牛城新聞報、菲契海默、寇比吸塵器、內
布拉斯加家具百貨、史考特飛茲、喜斯糖果及世界百科全書等。今
年七聖徒持續向前邁進，它們的投資報酬實在驚人，未靠財務槓
桿，平均RoE高達67％。**」67％的RoE！比聯發科還好。

請問諸位，這些公司所屬的產業，有哪個是前景或潛力光明偉

大的？

可口可樂（KO）、吉列刮鬍刀（G）、華盛頓郵報（WPO）、美國運通銀行（AXP）與富國銀行（WFC）是五檔巴菲特號稱的「永恆持股」。《華盛頓郵報》除報紙外，還擁有《新聞周刊》（Newsweek），發行量僅次於《時代》雜誌，同時也跨足電視，有六家電視台及一家有線電視系統。富國銀行則是美國第五大銀行。

不管股價多高，巴菲特都不曾賣過這五檔股票，老巴這麼情有獨鍾是因為他喜歡跟好企業的經理人在一起，這項執著也帶給他豐碩的報酬。截至2003年底為止，巴菲特在可口可樂上賺了7倍，在吉列賺了5倍、在華郵賺了123倍，在美國運通賺了4倍，富國銀行賺了6倍。

波克夏公司的前10大持股

單位：百萬美元

公司	持股%	股數（千股）	成本	市值
美國運通	11.8	151,611	1,470	7,312
可口可樂	8.2	200,000	1,299	10,150
吉列	9.5	96,000	600	3,526
H&R Block	8.2	14,611	227	809
HCA	3.1	15,477	492	665
M&T銀行	5.6	6,709	103	659
Moody's	16.1	24,000	499	1,453
中國石油	1.3	2,338,961	488	1,340
華盛頓郵報	18.1	1,728	11	1,367
富國銀行	3.3	56,448	463	3,324
其他			2,863	4,682
合計			8,515	35,287

資料來源：《2003波克夏年報》

根據《華倫巴菲特的財富》書中記載，巴菲特在44歲、1973年時，曾因買下《華盛頓郵報》，讓波克夏的淨值賠掉一半，不過現在鹹魚大翻身，當時的成本1100萬美元，2003年的市值已暴增為

33億美元，賺了123倍。這123倍的鉅幅增值，應該是受惠於過去幾年華郵大量買回庫藏股的威力。

巴菲特「永恆持股」的財務資料

可口可樂（KO）

	RoA%	RoE%	Eq%	四年盈再率%	EPS$	Net$m	YoY%
12/1999	13	29	44		1.0	2,431	(31)
12/2000	10	23	45		0.9	2,177	(10)
12/2001	19	43	51		1.6	3,969	82
12/2002	14	27	48	12	1.6	3,050	(23)
12/2003	18	37	52	13	1.8	4,347	43

吉列刮鬍刀（G）

	RoA%	RoE%	Eq%	四年盈再率%	EPS$	Net$m	YoY%
12/1999	11	28	26		1.1	1,260	17
12/2000	3	13	18		0.4	392	(69)
12/2001	9	47	21		0.9	910	132
12/2002	12	57	23	18	1.2	1,216	34
12/2003	14	61	22	13	1.4	1,385	14

華盛頓郵報（WPO）

	RoA%	RoE%	Eq%	四年盈再率%	EPS$	Net$m	YoY%
12/1999	8	14	46		22.3	226	(46)
12/2000	5	10	47		14.3	137	(40)
12/2001	7	15	47		24.1	230	68
12/2002	6	12	51	63	22.6	204	(11)
12/2003	7	13	53	100	25.1	241	18

美國運通銀行（AXP）

	RoA%	RoE%	Eq%	四年盈再率%	EPS$	Net$m	YoY%
12/1999	2	24	7		1.8	2,475	16
12/2000	2	28	8		2.1	2,810	14
12/2001	1	11	8		1.0	1,311	(53)
12/2002	2	22	9	不適用	2.0	2,671	104
12/2003	2	22	9	不適用	2.3	2,987	12

富國銀行（WFC）

	RoA%	RoE%	Eq%	四年盈再率%	EPS$	Net$m	YoY%
12/1999	2	18	10		2.2	3,747	92
12/2000	2	18	10		2.3	4,026	7
12/2001	1	13	9		2.0	3,423	(15)
12/2002	2	20	9	不適用	3.3	5,434	59
12/2003	2	20	9	不適用	3.7	6,202	14

美股財報哪裡找？

美國的期刊《Value Line》提供相當專業的個股分析與財報資料，在台北市南海路「證券發展基金會」的圖書館可供影印。另外，也可以在msn.com網站上找到美股的財報 http://moneycentral.msn.com/investor/invsub/results/statement.asp？Symbol＝ko&lstStatement＝Balance&stmtView＝Ann

　　分析這些公司的財報，會發現都是高RoE且低盈再率的公司，但這幾年的淨利則不一定成長，可口可樂與吉列的盈再率低到只有12％與18％。美國運通與富國銀行因是金融業，無機器設備，不適用盈再率公式。

　　除了以上五檔永恆持股外，我還曾根據《波克夏年報》與《The New Buffettology》書中所列的股票，檢查過40多家巴菲特買過的公司，約70％左右都具有高RoE且低盈再率的特徵。盈再率確實是老巴選股的祕密，哥倫布發現新大陸了！

　　看了巴菲特的永恆持股，我的朋友說，他也有一些永恆持股，不過現在都貼在牆壁上。

美、日績優股都適用

　　我們再來看其他的例子，我隨手抓了幾支美國的績優股，例如

嬌生（JNJ）、3M （MMM）、菲利普摩里斯（MO）、高露潔棕櫚（CL）與微軟（MSFT）。

　　嬌生是全球醫療保健業的領導廠商，產品包括露得清成人護膚用品、嬌生嬰兒洗髮精、嬌生爽身粉、嬌爽與摩黛絲婦女衛生用品、麗奇牙刷、沙威隆系列產品、邦迪萬應帶、可伶可俐青少年及露得清、PH5.5等成人護膚系列產品。

　　3M的產品也包羅萬象，包括交通安全反光標誌、清洗用的百利菜瓜布、醫療膠帶、利貼便條紙、除炫光的博視燈、清除LCD鏡面的魔布與無痕掛勾等。

　　菲利普摩里斯主要包括菸草、啤酒、飲料等消費產品，高露潔棕櫚則是牙膏、洗髮精和寵物健康食品。

5檔美國績優股財務資料

嬌生（JNJ）

	RoA%	RoE%	Eq%	四年盈再率%	EPS$	Net$m	YoY%
12/1999	16	31	56		1.5	4,167	36
12/2000	16	30	60		1.7	4,800	15
12/2001	18	30	63		1.8	5,668	18
12/2002	17	27	56	20	2.2	6,597	16
12/2003	18	32	56	22	2.4	7,197	9

3M（MMM）

	RoA%	RoE%	Eq%	四年盈再率%	EPS$	Net$m	YoY%
12/1999	12	30	45		2.2	1,763	50
12/2000	13	28	45		2.3	1,782	1
12/2001	10	22	42		1.8	1,430	(20)
12/2002	14	32	39	(11)	2.5	1,974	38
12/2003	16	40	45	0	3.0	2,403	22

菲利普摩里斯（MO）

	RoA%	RoE%	Eq%	四年盈再率%	EPS$	Net$m	YoY%
12/1999	13	47	25		3.2	7,675	43
12/2000	14	56	19		3.8	8,510	11
12/2001	11	57	23		3.9	8,560	1
12/2002	13	57	22	28	5.2	11,102	30
12/2003	11	47	26	31	4.5	9,204	(17)

高露潔棕欖（CL）

	RoA%	RoE%	Eq%	四年盈再率%	EPS$	Net$m	YoY%
12/1999	12	45	25		1.5	937	10
12/2000	14	58	20		1.7	1,064	13
12/2001	16	78	12		1.9	1,147	8
12/2002	18	152	5	3	2.2	1,288	12
12/2003	20	406	12	4	2.5	1,421	10

微軟（MSFT）

	RoA%	RoE%	Eq%	四年盈再率%	EPS$	Net$m	YoY%
6/1999			77		0.7	7,785	—
6/2000	25	33	79		0.9	9,421	21
6/2001	14	18	80		0.7	7,346	(22)
6/2002	13	17	77	1	0.7	7,829	7
6/2003	15	19	77	0	0.9	9,993	28

　　我們得到同樣的結果，高RoE、低盈再率，盈餘不一定要高成長。這幾檔股票是我隨手抓的，並無故意安排，各位有無發現，都是如巴菲特所說「簡單的企業」。早上刷牙洗臉的東西，就是明牌，哪還要費心去找呢？生活周遭就有。

　　在美國股市很容易選到一些高RoE、低盈再率的公司，RoE還高得嚇人。台灣高RoE的公司也很多，雖然沒有美國高，但盈再率普遍卻偏高，這可能是美台分工的結果，我們接美國的代工訂單，要買機器設備來做，美國公司則專注在行銷與研發，所以盈

再率較低。

生活周遭都是明牌

到此，大家是否發現我們這套選股準則，放諸四海皆準。在台灣就可以做遍全世界的股票，成為國際投資家。我現在對日本股市很有興趣，它已經跌了15年，裡面應該有許多便宜的好股票可撿。

以下是幾家比較有名，獲利也好的日本公司，伊藤園（2593）是茶葉商；花王（4452）洗髮精小時候即常常用；武田（4502）是製藥大廠；久光（4530）的撒隆巴斯很有名，專治吵鬧的小孩；FANCL（4921）則是做化妝品的。

日股財務資料哪裡找？

研究日股可查閱東洋經濟出版的《會社四季報》，日文版、英文版都有。另外在msn.com網站上，也可以找到日股的財報。不過它只提供過去四年的財報，因此盈再率的計算也縮為三年一期。

http://jp.moneycentral.msn.com/investor/invsub/results/statem-nt.asp？Symbol＝8183&lstStatement＝Balance&stmtView＝Ann

5檔符合巴菲特選股條件的日股

伊藤園（2593）

	RoA%	RoE%	Eq%	三年盈再率%	Net$m	YoY%	淨值$m
4/1/01	10	20	54		8,017	—	47,311
4/1/02	8	14	59		6,753	(16)	52,509
4/1/03	9	15	60	(2)	8,003	19	56,680
4/1/04	9	15	61	(14)	8,731	9	62,258

花王（4452）

	RoA%	RoE%	Eq%	三年盈再率%	Net$m	YoY%	淨值$m
3/1/01	9	14	60		59,426	—	462,987
3/1/02	8	13	61		60,274	1	459,731
3/1/03	8	14	60	(96)	62,462	4	417,030
3/1/04	9	16	61	(26)	65,358	5	427,756

武田藥品（4502）

	RoA%	RoE%	Eq%	三年盈再率%	Net$m	YoY%	淨值$m
3/1/01	10	15	70		146,855	—	1,212,864
3/1/02	14	19	72		235,656	60	1,420,081
3/1/03	14	19	76	(15)	271,762	15	1,567,732
3/1/04	14	18	76	(3)	285,264	5	1,781,010

久光製藥（4530）

	RoA%	RoE%	Eq%	三年盈再率%	Net$m	YoY%	淨值$m
2/1/01	10	16	63		6,788	—	49,181
2/1/02	11	18	69		8,607	27	55,474
2/1/03	12	17	69	(63)	9,397	9	60,232
2/1/04	12	18	73	21	10,822	15	69,453

FANCL（4921）

	RoA%	RoE%	Eq%	三年盈再率%	Net$m	YoY%	淨值$m
3/1/01	7	9	79		4,867	—	59,482
3/1/02	8	10	82		5,995	23	64,718
3/1/03	8	10	84	24	6,428	7	66,349
3/1/04	4	5	84	21	3,387	(47)	65,613

台股中的巴菲特概念股

根據巴菲特的選股條件，來看看台灣股市有無這樣的公司，這一節可能是讀者最想看的一段。先政令宣導一下，投資人在買賣股票前要注意風險，這不是報明牌。當然這段話有人要視為此地

無銀三百兩，我也沒有辦法。

中碳（1723）

	還原	RoA%	RoE%	Eq%	四年盈再率%	EPS$	Net$m	YoY%	NAV$	股息	股票
1996	101.1	5	18	40		1.8	193	53	12.3	0.00	0.00
1997	101.1	9	23	70		2.5	298	54	12.9	0.60	1.20
1998	89.7	12	18	70		1.9	271	(9)	12.6	0.60	2.00
1999	74.3	11	16	59	(3)	2.0	280	3	12.8	1.60	0.00
2000	72.7	18	31	79	4	3.6	568	103	14.6	0.70	1.00
2001	65.4	17	22	57	7	2.9	511	(10)	14.5	1.80	1.00
2002	57.9	13	22	57	8	3.1	557	9	13.9	2.10	0.50
2003	53.1	19	33	51	1	4.6	847	52	15.7	2.40	0.20
2004	49.7									3.60	0.20
	45.2										

優勢：
1. 台股中最像巴菲特概念股的股票
2. 維持高RoE（33%）＋低盈再率（1%）
3. 獲利穩定上升（1996年1.93億元-->2003年8.47億元），不像塑膠股受景氣影響明顯
4. 經久不變的產品（苯24%，軟瀝青13%）
5. 直接銷售、非代工、不用怕被抽單

億豐（9915）

	還原	RoA%	RoE%	Eq%	四年盈再率%	EPS$	Net$m	YoY%	NAV$	股息	股票
1996	158.0	(12)	(21)	49		(2.2)	(217)	na	8.6	0.00	0.00
1997	158.0	(4)	(9)	47		(0.8)	(73)	na	7.9	0.00	0.00
1998	158.0	8	17	54		1.4	133	na	9.2	0.00	0.00
1999	158.0	18	34	70	(91)	3.1	307	131	12.4	0.00	0.00
2000	158.0	23	33	85	3	3.5	397	29	14.2	0.00	1.50
2001	137.4	26	31	84	26	3.5	498	25	14.7	0.00	2.60
2002	109.1	28	33	87	24	3.8	695	40	15.3	0.00	2.60
2003	86.6	35	41	86	28	4.9	1,135	63	16.2	0.64	2.56
2004	68.4									1.20	2.80
	52.5										

優勢：
1. 維持高RoE（41%）＋低盈再率（28%）
2. 獲利上升（1998年1.33億元-->2003年11.35億元）
3. 經久不變的產品（世界最大DIY百葉窗，占美國市場5%）

　　我在2001年看到巴菲特在買做磚頭的公司，就建議客戶去買億豐。我在投信的朋友有點不屑的說：「做窗簾的有啥進入門檻可言？」他認為做窗簾的技術層次低，很容易有競爭對手加入。我回他「這種股票你不想買，就是最大的門檻。」

　　三年過去，億豐已經讓我的客戶賺了一倍多，我又去問我的朋友買了沒，他只搖頭。「進入門檻真高啊！」我暗自竊笑。

中華車（2204）

	還原	RoA%	RoE%	Eq%	四年盈再率%	EPS$	Net$m	YoY%	NAV$	股息	股票
1996	99.7	9	14	60		2.6	1,754	(21)	21.1	0.50	1.50
1997	86.3	15	25	60		4.9	3,452	97	26.0	1.50	0.50
1998	80.8	15	24	69		4.6	4,431	28	25.4	0.50	3.00
1999	61.7	9	14	67	81	3.2	3,377	(24)	24.5	3.00	0.50
2000	55.9	9	13	69	77	3.0	3,423	1	25.0	1.50	0.50
2001	51.9	8	11	61	52	2.6	3,123	(9)	24.4	1.15	0.85
2002	46.7	12	19	68	36	4.7	5,822	86	28.6	1.25	0.25
2003	44.4	14	21	73	51	5.6	7,499	29	29.5	3.75	0.25
2004	39.6									2.53	0.00
	37.1										

優勢：
1. 維持高RoE（21%）＋低盈再率（51%）
2. 獲利上升（1996年17.54億元-->2003年74.99億元）
3. 高市占率（占台灣商用車70%、休旅車34%）

　　中華車在2004年跌得很慘，股價從3月的74.5元跌到8月的33.6元，跌幅50％，原因包括大陸經濟降溫、與日本技術母廠三菱自動車發生財務危機。不過33.6元的股價似乎反應過頭了，因為中華車在2004年上半年每股就賺了3元多，7月營收還創該年新高，預估全年每股盈餘6元，目前本益比僅6倍多。

復盛（1520）

	還原	RoA%	RoE%	Eq%	四年盈再率%	EPS$	Net$m	YoY%	NAV$	股息	股票
1996	328.6	9	18	48		3.4	325	5	20.3	2.00	0.00
1997	326.6	19	40	53		6.6	790	143	22.6	0.00	2.50
1998	261.3	15	29	51		4.1	800	1	16.7	0.50	6.00
1999	163.0	9	17	52	107	2.4	577	(28)	15.5	1.00	2.00
2000	135.0	16	32	54	77	4.3	1,177	104	15.7	0.70	1.30
2001	118.9	27	50	58	90	6.5	2,177	85	18.6	1.25	2.00
2002	98.0	16	27	62	70	3.7	1,781	(18)	18.3	1.50	3.00
2003	74.2	23	38	65	58	6.5	3,474	95	21.5	3.04	0.61
2004	67.1									3.50	2.00
	53.0										

優勢：
1. 維持高RoE（38％）＋低盈再率（58％）
2. 獲利上升（1996年3.25億元-->2003年34.74億元）
3. 多角化能力強（高爾夫球桿68％，壓縮機17％）

　　我在2003年10月上課時，還曾推薦過國電（2386），課上完兩周，郭台銘就把國電買下來，我一直懷疑他曾化名來上課？

　　各位有沒有看到？我們篩選股票的步驟都很標準化，只看幾個重點而已：

過去五年高RoE ➡ 低盈再率 ➡ 經久不變／獨占／多角化

只要確實遵守步驟一一檢定就好，不須具備高深的產業知識，

也不必有非凡的聰明才智,這套方法人人都可模仿。

看看巴菲特概念股的威力

中碳(1723)

	股息	股票	還原	=還原股價	股價(最低,最高)
2000	0.7	1	72.7	=65.4×1.1+0.7	(23.1,60.0)
2001	1.8	1	65.4	=57.9×1.1+1.8	(20.8,40.4)
2002	2.1	0.5	57.9	=53.1×1.05+2.1	(29.1,40.1)
2003	2.4	0.2	53.1	=49.7×1.02+2.4	(33.8,45.6)
2004	3.6	0.2	49.7	=45.2×1.02+3.6	
			45.2		

億豐(9915)

	股息	股票	還原	=還原股價	股價(最低,最高)
2000	0	1.5	158	=137.4×.15	(23.1,38.5)
2001	0	2.6	137.4	=109.1×1.26	(26.6,53.5)
2002	0	2.6	109.1	=86.6×1.26	(41.3,74.0)
2003	0.64	2.56	86.6	=68.4×1.256+0.64	(51.0,85.0)
2004	1.2	2.8	68.4	=52.5×1.28+1.2	
			52.5		

中華車(2204)

	股息	股票	還原	=還原股價	股價(最低,最高)
2000	1.5	0.5	55.9	=51.9×1.05+15	(26.3,39.0)
2001	1.15	0.85	51.9	=46.7×1.085+1.15	(17.2,35.5)
2002	1.25	0.25	46.7	=44.4×1.025+1.25	(22.4,72.5)
2003	3.75	0.25	44.4	=39.6×1.025+3.75	(52.0,75.5)
2004	2.53	0	39.6	=37.1+2.53	
			37.1		

復盛（1520）

	股息	股票	還原	＝還原股價	股價（最低，最高）
2000	0.7	1.3	135	＝118.9×1.13＋0.7	（30.1，49.3）
2001	1.25	2	118.9	＝98.0×1.2＋1.25	（32.0，79.0）
2002	1.5	3	98	＝74.2×1.3＋1.5	（34.9，61.0）
2003	3.04	0.61	74.2	＝67.1×1.061＋3.04	（35.8，65.0）
2004	3.5	2	67.1	＝53.0×1.2＋3.5	
			53		

　　這個表要由下往上看，從2004年倒推回2000年。

　　巴菲特概念股的威力是愈陳愈香，這可從還原股價看出來。中碳現在股價45.2元，把配息配股全加回去，2003年等於53.1元，那年中碳的最高價45.6元，最低價33.8元，這表示無論在哪一點買到都賺。

　　再還原到2002年、2001年、2000年都賺。不要忘記，2000年初台股指數是在1萬點以上，即便從1萬點崩跌下來，買中碳照樣賺錢。中碳過去10年的投資報酬率平均每年35％。

　　億豐更可怕，它曾在1998年誤入歧途，發生虧損，所以有機會撿便宜貨。以現在52.5元的股價還原回去，到2000年可以賺3.5倍。

　　我預期中碳與億豐在未來10年的投資報酬率還會更好，因為過去10年中碳的RoE平均每年約20％，億豐則是30％，2003年中碳的RoE已跳升到33％，億豐為41％，未來若能維持這種高水準，投資報酬率當然會超越過去10年。而且中碳的盈再率超低，不到8％，億豐也不到30％，應該很容易維持高RoE。

捶心肝的感覺

回顧過去幾年的股價表現，是研究股票非常重要的一步，這可以讓你：

1.不會迷失在短線變化

2.找出股價上漲的道理

3.驗證並堅信自己的投資準則

我每次回顧一些高RoE股的還原股價，都有捶心肝的感覺，恨自己賣得太早。鴻海即是一例，它是我入行的第一支新上市股，1991年我就知道它是好公司，我大概是市場上第一位介紹郭台銘其人其事的研究員。

在1994年怡富對法人的股市展望會上，我這樣介紹：「郭董穿著一襲夾克，講話鏗鏘有力，土城公司的外牆只塗著水泥，未裝磁磚，是一家非常樸實的公司。」

許多人還以為我跟郭董多熟，其實我只是在法說會上遠遠的望過他一次。10年之間我斷斷續續建議客戶買過鴻海好幾次，可是……唉！捶心肝。光了解郭台銘還不夠，還要認識巴菲特才能賺到股票的大錢。

我的會計師聽了我的哀怨，卻吐槽說：「他很多沒賣的股票才讓他捶心肝。」

在看了巴菲特的威力之後，有些人總是鐵齒，我的會計師問我，如繼續持有這檔股票，報酬率仍會這麼好嗎？我嘆噓一笑：「這就等於在問我，過去1＋1＝2，未來1＋1還會等於2嗎？max投資報酬率公式不是已經證明過了嗎，抱牢『能維持高RoE＋低

盈再率』的股票，最後一定可以大賺。」

　　巴菲特在《1993年報》也講過：「1938年《財星》雜誌對它（指可口可樂）做了一次專訪：『每年都有許多著名的投資家看好可口可樂，讚嘆其過去的輝煌成就，但也都做出發現太晚的結論，以為業績已達頂峰，前途充滿挑戰。』」

　　「的確，1938年充滿了挑戰，1993年也是，不過對於1938年加入的投資人而言，宴會根本還沒結束。1919年投資40美元在可口可樂（含所收到的股利再投入），到了1938年可獲利3277美元；若在1938年重新投入40美元，至1993年底，還是一樣成長到2萬5000美元。」

　　不只美國才有可口可樂這類的公司，台灣也有比它更會漲的股票。回顧上述個股的還原股價（參見附錄二），若把2004年8月的股價還原至1996年，中碳是101元、億豐158元、中華車100元、復盛329元、年興130元、鑽全498元、中鋼58元、鴻海1187元、台積電555元……光看還原股價這麼高，就知道這八年的投資報酬率高得驚人。

本章摘要

◎可口可樂、吉列刮鬍刀、華盛頓郵報、美國運通銀行與富國銀行，是巴菲特號稱的五檔「永恆持股」。不管股價多高，巴菲特都不曾賣過，因為他喜歡跟好企業的經理人在一起，這項執著也帶給他豐碩的報酬。

◎除了以上五檔永恆持股外，我還曾根據《波克夏年報》與《The New Buffettology》書中所列的股票，檢查過40多家巴菲特買過的公司，約70％左右都具有高RoE且低盈再率的特徵，可見盈再率是巴菲特的秘密武器。

◎再隨手抓幾檔美國、日本的績優公司，得到同樣的結果：高RoE、低盈再率，盈餘不一定高成長，而且都符合巴菲特所說「簡單的企業」。早上刷牙洗臉的東西就是明牌，哪還要費心去找呢？

◎至於台股，中碳、億豐、中華車、復盛，是最符合巴菲特選股概念的上市公司。

◎巴菲特概念股的威力，可從還原股價看出來。中碳過去10年的投資報酬率平均每年35％；億豐更可怕，它曾在1998年出現虧損，所以有機會撿便宜貨，以現在52.5元的股價還原到2000年，可以賺3.5倍。

◎我預期中碳與億豐未來10年的投資報酬率會更好，因為過去10年中碳的RoE平均每年約20％，億豐則是30％；到了2003年中碳的RoE已跳升到33％，億豐為41％，而且中碳、億豐的盈再率都很低，應該很容易維持高RoE。

◎回顧過去幾年的股價表現，是研究股票非常重要的一步，這可以讓你
1. 不會迷失在短線變化
2. 找出股價上漲的道理
3. 驗證並堅信自己的投資準則

貴或俗的認定

股價沿著內在價值上下擺盪
價值由RoE來定義
價值可以計算
股價漲跌不可預測
貴俗卻可以客觀認定

Chapter 6

保持安全邊距

投資跟打橋牌一樣，拿到一付好牌只是第一步，還要打對時機才會贏。所謂對的時機，就股票而言，當然是等它便宜的時候。

如何斷定股票的貴或便宜呢？先來看看巴菲特怎麼買股票。

在《The New Buffettology》一書中曾列舉自1998年以後，老巴買過的股票及其買進價位。

1998年以後，巴菲特買進的股票

公司名稱（代號）	買進本益比	買進時間
Aegis Realty（AER）	10.0x	2000
First Data Corp（FDC）	12.8x	1998
Furniture Brands Int'l（FBN）	7.3x	2000
GPU（GPU）	7.7x	2000
Justin	11.2x	2000
La-Z-Boy（LZB）	9.6x	2000
Liz Claiborne（LIZ）	10.5x	1998
Coca-Cola（KO）	25.0x	1989、1994
……		

在《2002年報》中，老巴更明確指出：「**除非我們有把握找到至少10％稅前報酬率（稅後6.5～7％）的投資標的，否則寧願在旁觀望。成功的投資有時需要什麼都不做。**」稅前10％即是本益比10倍，稅後6.5～7％即是本益比14～15倍。（15.4x＝1/0.065）

巴菲特還說，他買股票最在意「保持安全邊距」，等便宜再買。《1992年報》：「**我們相信恩師葛拉漢強調的安全邊距原則，是投資成功最重要的因素。**」所謂安全邊距是合理價位（或稱內在價值）與買進價之差。

根據上述的例子，巴菲特認為的內在價值應當是本益比15倍，因為過去幾十年來一年定存利率也大概都在6.5～7%上下。而所謂的便宜，則是本益比在12倍以下，所以我設定 12x＜PER＜40x。

俗　　　　　　貴

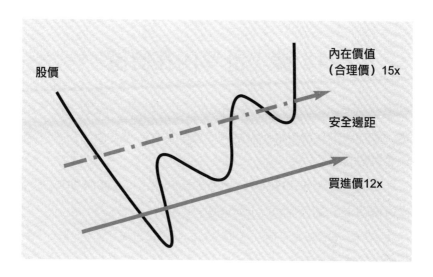

當然，要更保守，可以把標準訂得更低，如在8倍以下才買進，那也很好，2004年即有很多股票跌到這個價位。我會把買進價訂在12倍，是為了求一貫性，因為一旦多頭市場來臨，可能又會覺得12倍太低，在2000年以前，台灣股市本益比通常都在15倍以上。

最後要順帶一提的是，買進本益比是投資人想要有的報酬率的倒數，跟市場利率無關。若投資人要10%以上的預期報酬率才會想買股票，這個預期應該不會因為現在銀行利率降到1%而調低。事實上，當利率降到1%時，表示景氣壞到極點，這時所要求的股

票報酬率，搞不好還會更高。

整個市場合理的本益比，也不是一年定存利率的倒數，因為在2004年一年定存利率不到1%，而台灣股票市場的平均本益比則跌到12倍以下，創15年來新低。如果市場合理本益比是一年定存利率的倒數，那豈不是要升到100倍？

4步驟，計算內在價值

什麼是內在價值？先用最簡單的方式來想，只投資一年，股票、債券或定存都可以，公司賺多少配多少，賣掉後可以拿回原先買進時的錢。

一張每年配息6元的債券，用多少錢去買它，才能保有6.7%的投資報酬率？ 答：90元，因 6/90＝6.7%。

年利率6.7%的定存帳戶，收到6元的利息，這表示戶頭裡有多少錢？答：90元。

某支股票一股賺6元，若想要有6.7%的投資報酬率，即本益比15倍，它的價值為何？答：90元（6/90＝6.7%）

很多人想破頭不得其解的內在價值，只要把它用最簡化來想，就是這麼簡單。

再進一步推演，若要投資三年，想要每年都有6.7%的投資報酬率：

某股第一年EPS 6元，它的價值為90元（6/90＝6.7%），

第二年EPS 8元，它的價值為119元（8/119＝6.7%），

第三年EPS 5元，它的價值為75元（5/75＝6.7%）。

這三年，這檔股票的內在價值為95元〔＝（90＋119＋75）/3）〕、平均EPS 6.3元〔＝（6＋8＋5）/3）〕，每年平均投資報酬率為6.7%。

內在價值是平均值的概念，所以很多人在計算一檔股票的價位時，都用他最看好的那一年EPS為基礎，這是錯誤的，將造成價值的高估。

以過去5年RoE平均值為基礎

股票的EPS可從RoE來推估，$EPSn = RoE \times NAVn-1$，其中RoE是未來最可能達成的RoE。不管未來抱了多久，都要設想在兩年以上，因為股價對內在價值的反映，常常需要兩年以上。這可從還原股價中看出來，某些高RoE股的投資報酬率，在前一、二年還可能落後，但時間拉長，績效就顯現出來。

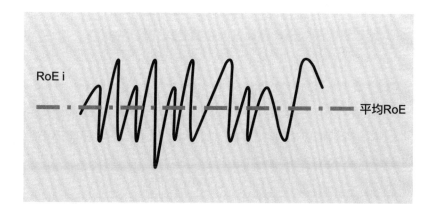

RoE i

平均RoE

我們建議，可以用過去五年RoE的平均數來加減，覺得未來會比過去好，就把平均RoE往上調，會更差就減下來；這個方法用

在低盈餘再投資率的股票，尤其可靠。

這個「未來最可能達成的RoE」的數字設定，每個人看法不同、見仁見智。巴菲特即表示他計算一家公司，甚至是波克夏公司，內在價值的答案，往往就跟曼格不一樣。不過這個差異應仍在一定範圍內，因為我們是根據過去五年RoE的平均數來加減，除非你有強烈的證據來推翻它。

NAVn-1是最近一期的NAV，亦即每一季的報表出來後，即使所設定的RoE不變，也要根據最新的NAV，重新算一遍股票的價值。這是為解決折現與最後賣出價的問題（詳見下一節之「股息折現公式」），把往後每一年當作第一年，就沒有這些問題了。

把以上推演整理，得出下面四項步驟：

1. 計算過去五年平均RoE

2. 設定未來最可能的RoE（參考平均RoE）

3. 換算成EPS（＝RoE × 最近一期的每股淨值）

4. 給定買進價12倍本益比（內在價值是15倍本益比）

例如：中碳最近五年（1999～2003）的RoE，分別是16%、31%、22%、22%、33%，平均 RoE是25% [＝（16＋31＋22＋22＋33）/5]，由於RoE的趨勢往上，而且它的盈再率相當低，未來幾年應可維持在近年的高水準，所以把最可能的RoE設在31%，離2003年的33%較近。

中碳：最可能的RoE 31%，NAV 14.4（2004/2Q），

EPS：0.31×14.4＝4.5

買進價：4.5×12＝54.0

目前中碳股價45.2元明顯偏低，可以買進。

如何在Excel設定計算公式？

在Excel上，平均數的指令是average，過去五年平均RoE的算式為

「＝average（16,31,22,22,33）」

我們給定最可能的RoE為31%（儲存格D11）。

以後只要定期更新NAV（儲存格J10），最近一次是14.4元，即可得EPS為4.5元；再乘以本益比12倍，即可得買進價54.0元。

「＝（J10×D11×12）/100」

C11　＝J10*D11*12/100

	A	B	C	D	E	F	G	H	I	J	K	L	M
1		還原	RoA%	RoE%	Eq%	年盈再率	EPS$	Net$m	YoY%	NAV$	股息	股票	
2	1996	101.1	5	18	40		1.8	193	53	12.3			
3	1997	101.1	9	23	70		2.5	298	54	12.9	0.6	1.2	
4	1998	89.7	12	18	70		1.9	271	-9	12.6	0.6	2	
5	1999	74.3	11	16	59	-3	2	280	3	12.8	1.6	0	
6	2000	72.7	18	31	79	4	3.6	568	103	14.6	0.7	1	
7	2001	65.4	17	22	57	7	2.9	511	-10	14.5	1.8	1	
8	2002	57.9	13	22	57	8	3.1	557	9	13.9	2.1	0.5	
9	2003	53.1	19	33	51	1	4.6	847	52	15.7	2.4	0.2	
10	2004	49.7					4.5			14.4	3.6	0.2	
11		45.2	54	31									
12													

哪裡找台股財報資料？

在各券商的網站上都可以找到上市櫃公司的財報。

1.進入方便進入的券商網站，例如：www.bisc.com.tw

2.鍵入股票代號：1723

3.點選左邊：財務分析：資產負債年表/損益年表/基本分析：股利政策

　將上述三表剪貼到Excel即成

就是這麼簡單，這樣算不用30秒。

花這麼多篇幅說明內在價值的計算，目的在於讓讀者確信這是真理，在大盤颳颱風時，仍能放膽投資。

再舉兩個例子，多練習一下。

億豐：近五年平均RoE 34%〔＝average（34,33,31,33,41）〕，
最可能的RoE 33%，NAV 13.7（2004/2Q），
EPS：33%×13.7≒4.5
買進價：4.5×12＝54

億豐（9915）

	還原	RoA%	RoE%	Eq%	四年盈再率%	EPS$	Net$m	YoY%	NAV$	股息	股票
1996	158.0	(12)	(21)	49		(2.2)	(217)	na	8.6	0.00	0.00
1997	158.0	(4)	(9)	47		(0.8)	(73)	na	7.9	0.00	0.00
1998	158.0	8	17	54		1.4	133	na	9.2	0.00	0.00
1999	158.0	18	34	70	(91)	3.1	307	131	12.4	0.00	0.00
2000	158.0	23	33	85	3	3.5	397	29	14.2	0.00	1.50
2001	137.4	26	31	84	26	3.5	498	25	14.7	0.00	2.60
2002	109.1	28	33	87	24	3.8	695	40	15.3	0.00	2.60
2003	86.6	35	41	86	28	4.9	1,135	63	16.2	0.64	2.56
2004	68.4					4.5			13.7	1.20	2.80
	52.5	54	33								

中華車：近五年平均RoE16%〔＝average（14,13,11,19,21）〕，
最可能的RoE 15%，NAV：29.7（2004/2Q），
EPS：15% × 29.7≒4.5
買進價：4.5×12≒53

中華車（2204）

	還原	RoA%	RoE%	Eq%	四年盈再率%	EPS$	Net$m	YoY%	NAV$	股息	股票
1996	99.7	9	14	60		2.6	1,754	(21)	21.1	0.50	1.50
1997	86.3	15	25	60		4.9	3,452	97	26.0	1.50	0.50
1998	80.8	15	24	69		4.6	4,431	28	25.4	0.50	3.00
1999	61.7	9	14	67	81	3.2	3,377	(24)	24.5	3.00	0.50
2000	55.9	9	13	69	77	3.0	3,423	1	25.0	1.50	0.50
2001	51.9	8	11	61	52	2.6	3,123	(9)	24.4	1.15	0.85
2002	46.7	12	19	68	36	4.7	5,822	86	28.6	1.25	0.25
2003	44.4	14	21	73	51	5.6	7,499	29	29.5	3.75	0.25
2004	39.6					4.5			29.7	2.53	0.00
	37.1	53	15								

股息折現公式

我計算買進價的方法，好處在於：

1. 容易理解：很多人一看到股息折現公式就暈了。

2. 不必做預測：折現公式還要預測未來幾年的獲利，這是不可能的事。巴菲特很少做預測，不然他如何在五分鐘內即能回答要不要買。

3. 比較有依據：參考過去五年平均RoE，來設定未來最可能的RoE，不會因各人看法不同而差異過大。

4. 避免折現與最後賣出價的問題。

股價的股息折現公式：

$$價值 = \frac{股息1}{(1+i)} + \frac{股息2}{(1+i)^2} + \cdots\cdots + \frac{股息n}{(1+i)^n} + \frac{賣出價}{(1+i)^n}$$

例：買股10元，每年均配息1元，持有四年後以9元賣掉，四年共賺30％，平均一年約賺7％

$$10 = \frac{1}{1.07} + \frac{1}{1.07^2} + \frac{1}{1.07^3} + \frac{1}{1.07^4} + \frac{9}{1.07^4}$$

這個公式把它轉成下式會更容易了解，上式兩邊×1.07⁴

$10 \times 1.07^4 = 1.07^3 + 1.07^2 + 1.07 + 1 + 9$，這就是複利公式

內在價值的計算即用這個股息折現公式，10元就是這支股票的內在價值。

不過，當投資人用10元買這檔股票時，他並不知道未來四年會怎麼樣，所以在實務上需把這條公式再加以推演，對公式兩邊取最大值：

max價值＝max股息＋max賣出價的本益比（i固定）

　　＝維持高RoE＋低盈再率≠高成長

對股息折現公式取最大值得證，要賺大錢就得買「維持高RoE＋低盈再率」的公司，但不一定要高成長，這與之前投資報酬率最大值的答案一樣。

有效性檢定

回顧歷史股價，可以證明我計算買進價的方法是有效的，所謂有效是指用它來買股票，賺錢的機率很高。以台達電（2308）與鴻海為例，台達電2000～2003年的每年盈餘都在52億元以下，可以當作盈餘未成長的例子；鴻海則是成長股的代表。我要證

明，我的計算方法對這兩類股都有效。

台達電（2308）

RoE高但略下滑（2000年26%→2003年17%）

盈餘持平（2000年52.13億元→2003年52.15億元）

台達電（2308）

	還原	RoA%	RoE%	Eq%	四年盈再率%	EPS$	Net$m	YoY%	NAV$	股息	股票
1996	211.3			61		4.2	1,512	—	19.4	0.50	2.00
1997	175.7	20	33	64		5.2	2,306	53	25.8	0.50	2.00
1998	146.0	12	19	67		4.0	2,235	(3)	23.8	1.50	2.00
1999	120.4	18	27	69		5.1	3,648	63	27.6	2.00	2.00
2000	98.7	18	26	57	160	5.5	5,213	43	26.2	2.00	2.50
2001	77.3	8	14	60	143	3.0	3,585	(31)	23.2	2.25	2.25
2002	61.3	9	16	61	121	3.1	4,276	19	21.7	1.25	1.50
2003	52.2	11	17	57	85	3.5	5,215	22	21.4	2.00	0.50
2004	47.8					2.9			19.6	2.25	0.50
	43.4	35	15								

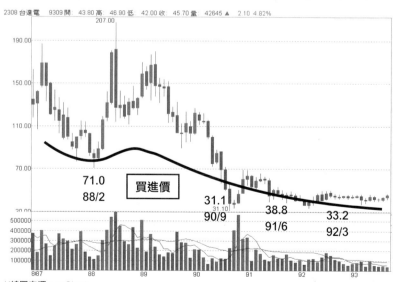

K線圖來源：ezChart

民國	87				88				89			
季	iv	i	ii	iii	iv	i	ii	iii	iv	i	ii	iii	iv
RoE	33	19	19	19	19	27	27	27	27	26	26	26	26
可能RoE		30	30	30	30	25	25	25	25	24	24	24	24
NAV	26	27	27	24	24	26	31	26	28	28	28	24	26
買進價		94	97	97	86	72	78	93	78	81	81	81	69
還原	136	136	136	136	112	112	112	112	92	92	92	92	72
						買							

民國	90				91				92				93	
季	i	ii	iii	iv	i	ii	iii	iv	i	ii	iii	iv	i	ii
RoE	14	14	14	14	16	16	16	16	17	17	17	17		
可能RoE	23	23	23	23	15	15	15	15	15	15	15	15	15	15
NAV	27	27	22	23	24	23	21	22	23	20	21	21	22	20
買進價	72	75	75	61	41	43	41	38	40	41	36	38	38	40
還原	72	72	72	57	57	57	57	48	48	48	48	44	44	44
			買			買			買					

　　上表中「可能RoE」的設定，是假設當時在看到前幾期實際的RoE後，可能會有的設定。1999年第一季的買進價72＝可能RoE 25%　×　上一季NAV 24　×　12倍本益比。

有效性達75%以上

　　投資要有耐心，1998～2003六年間只出現四次買點（股價＜買進價），分別是1999年2月的71元、2001年9月的31.1元、2002年6月的38.8元、2003年3月的33.2元。

　　其中1999年2月的71元，當時建議的買進價是72元，之後股價曾大漲到7月的207元。若沒賣，持續抱到現在，還原股價是112元，這五年投資報酬率是58%（＝（112－71）/71），平均每年約10%，差強人意。

　　另外，這四次的買點，有三次都可賺錢，

　　1999年第一季買進價72元＜還原價112元

2002年第二季買進價43元＜還原價57元

2003年第一季買進價40元＜還原價48元

僅2001年第三季買進價75元＞還原價72元，小賠。原因是可能RoE的設定高估了，當年台達電的RoE，從前一年的26％降到14％，我們故意採高估設定在23％，以符合當時的心境。

買四次對三次，有效率75％，而且賠錢那一次也僅是小賠，但買在高價則不一定賺到錢，如1999～2000年。

以上證明我的買進價計算法是有效的。

鴻海（2317）

	還原	RoA%	RoE%	Eq%	四年盈再率%	EPS$	Net$m	YoY%	NAV$	股息	股票
1996	1,186.8	20	34	65		5.3	1,852	53	20.5	0.00	5.00
1997	791.2	32	49	53		7.2	3,625	96	22.5	0.00	4.00
1998	565.1	25	48	52		7.6	5,501	52	23.0	0.00	4.00
1999	403.7	23	44	69	114	7.1	7,413	35	31.6	0.00	4.00
2000	288.3	21	30	55	119	7.1	10,331	39	30.5	1.00	3.00
2001	221.0	16	30	56	105	7.4	13,080	27	31.4	1.50	2.00
2002	182.9	17	30	52	87	8.2	16,886	29	33.7	1.50	1.50
2003	157.8	17	33	50	79	9.1	22,829	35	35.2	1.50	2.00
2004	130.2					9.2			32.7	2.00	1.50
	111.5	110	28								

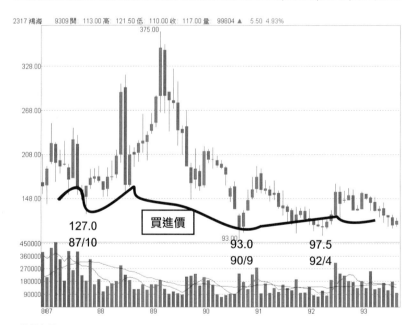

K線圖來源：ezChart

民國		87				88				89			
季	iv	i	li	iii	iv	i	ii	iii	iv	i	ii	iii	iv
RoE	49	48	48	48	48	44	44	44	44	30	30	30	30
可能RoE	49	48	48	48	48	46	46	46	46	33	33	33	33
NAV	23	24	28	22	23	25	27	21	32	33	34	28	31
買進價		132	138	161	127	127	138	149	116	127	131	135	111
還原	568	568	568	568	406	406	406	406	290	290	290	290	222
				買									

民國	90				91				92				93	
季	i	ii	iii	iv	i	ii	iii	iv	i	ii	iii	iv	i	ii
RoE	30	30	30	30	30	30	30	30	33	33	33	33		
可能RoE	28	28	28	28	28	28	28	28	28	28	28	28	28	28
NAV	33	33	29	32	34	29	32	34	36	30	33	35	37	33
買進價	104	111	111	98	108	114	97	108	114	121	101	111	118	124
還原	222	222	222	184	184	184	184	158	158	158	158	131	131	131
			買							買				

　　鴻海在六年之內只出現三次買點，次數略少，因為鴻海是成長股，本益比一向偏高，這也顯示我設定的買進價12倍本益比，還算恰當，至少從鴻海與台達電來看都是如此。

　　在這三次的買點（股價＜買進價）買進，都大賺，有效率100％

　　1998年第三季買進價161元＜還原價568元，

　　2001年第三季買進價111元＜還原價222元，

　　2003年第二季買進價121元＜還原價158元。

投資的「時間觀」要拉長

　　從以上兩檔股票來看，過去六年只出現三或四次買點，由此可以領悟到，投資股票的「時間觀」是很長的。就像前面提到：「股價對內在價值的反映，常常需要兩年以上」，投資需要耐心，等待是一種美德。

　　太多投資人做得實在太短，雖然自詡為波段操作，但一兩周以上對他們而言，就已算長期投資了。請把月K線圖拿出來看看，一個波段的完成，常歷時半年或一年以上，絕非一、二周而已。

　　例如SARS之後，指數從2003年4月的4044點，一路漲到2004年3月的7135點，整整漲了一年；若真看得懂波段，這一年持股應該要抱牢。

　　此外，即使像鴻海這種長線成長股，也不是隨便買、隨便賺。若買在高檔如2000年1月的375元，現在的還原股價僅290元，還在賠。

📖 本章摘要

◎巴菲特買股票，堅持買在本益比12倍以下，而且最在意「保持安全邊距」，等便宜再買，所謂安全邊距是指合理價位（或稱內在價值）與買進價之差。

◎內在價值用最簡化來想就很容易理解，例如只投資一年，某支股票一股賺6元，若想要有6.7％的投資報酬率，即本益比15倍，它的價值為90元（6/90＝6.7％）。而且內在價值是平均值的概念，不能單看最看好的那一年EPS，否則將造成價值的高估。

◎計算買進價公式的4個步驟
　1. 計算過去五年平均RoE
　2. 設定未來最可能達成的RoE（參考平均RoE）
　3. 換算成 $EPSn = RoE \times NAVn-1$
　4. 給定買進價12倍本益比（內在價值是15倍本益比）

◎其中第二步驟，可以用過去五年RoE的平均數來加減，覺得未來會比過去好，就把平均RoE往上調，會更差就減下來；這用在低盈餘再投資率的股票尤其可靠。RoE的設

定，每個人看法不同、見仁見智，不過因為是根據過去五年RoE的平均數加減，差異應在一定範圍內。

◎NAVn−1是最近一期的每股淨值（NAV），每一季財報出來後，即使設定的RoE不變，也要根據最新的NAV，重新算一遍股票的價值。

◎不論近幾年公司盈餘有無成長，回顧它的歷史股價，都能證明這套計算買進價的方法是有效的，所謂有效是指用它來買股票，賺錢的機率很高。

◎投資股票的「時間觀」是很長的，我認為股價對內在價值的反映，常常需要兩年以上，投資需要耐心，等待是一種美德。

設定買賣開關

買股票最上乘的武功是，
buy and hold，
買了就不要賣。

Chapter 7

電鍋煮飯理論

學會計算買進價之後，接下來是如何面對市場波動的問題，亦即怎麼看大盤，這是一般人花最多時間與心思研究的地方。

巴菲特曾在《1987年報》裡，講過一個非常有名的比喻「市場先生」：「**班哲明‧葛拉漢是我的老師與好友，很久以前講過一段有關因應市場波動的談話，是對投資最有用的一席話。他說股票市場像一位市場先生，每天都會向你報到，要買下你的股份或將股票賣給你。**」

我覺得把「市場先生」想成推銷員，會更容易理解。葛拉漢的意思是不必理會這位推銷員，因為「**他不在乎受到冷落，若今天提出的報價引不起你的興趣，隔天還會再來出價，買賣與否完全由你決定，所以他的舉止愈失當，你愈能得到好處。**」

我總覺得這個比喻不夠明確，因為把股價波動想像成每天來騷擾的推銷員又如何？重要的是如何擺脫困擾。我的比喻「電鍋煮飯理論」比較貼切：

「投資人面對市場波動的態度，應該跟用電鍋煮飯一樣，把米洗好放入鍋內（選股），按下開關（設定買賣時機），就等著聽啪一聲開關跳上來，告訴你飯煮好了。若三不五時掀起鍋蓋胡亂翻攪（換股），飯反而煮不熟。」面對大盤，我主張不必預測，只要設定買賣開關就好。

在讀過這本書之後，我相信各位讀者有一天也會跟別人講「麥可是我的老師與好友，很久以前講過一段有關因應市場波動的談

話，是對投資最有用的一席話。他說股票市場跟電鍋煮飯一樣……」當你在講這句話時，表示你已在寫年報。

我的「電鍋煮飯」理論

選股（洗米）
必要條件：過去五年高RoE→ 低盈再率→ 經久不變/獨占/多角化
　　　　　（順序不可顛倒）
充分條件：
　1. 上市未滿兩年者少碰
　2. 年盈餘高於5億元的才買
買賣開關：
買股原則：
　等股價便宜時 （PER＜12x）
賣股三原則：
　1. 壞了（RoE＜15％）
　2. 貴了（PER＞40x）
　3. 換更好的
各位讀者，若你們發現符合這些原則的股票，請打電話給我。我們不會進行惡意併購，承諾完全保密，並將儘快答覆是否感興趣（通常不超過五分鐘）。

不是一定要長期投資，而是股價未碰觸到買賣開關之前，不要亂動。

是電鍋，而非微波爐喔！

把握2個撿便宜的時機

買股票的原則只有一條，即等便宜再買，所謂便宜是指12倍本益比以下，當然能買到愈低愈好。在2004年8月，很多股票的本益比都跌到8倍以下，是過去15年來最低的記錄，這是很好的機會。

能撿到便宜的時機有二：一是大盤的颱風來時，二是好學生月考考差時。

第一點「大盤的颱風來時」很常見，因為台灣是一個「風災多」的地方，幾乎每年都會遇到股票的大跌，2003年4月的SARS即是一次颱風。我在SARS期間建議客戶去買中碳，我發現預防SARS最好的方法不是戴口罩，而是買中碳。

颱風什麼時候會來？今年會不會有颱風來？都不必去臆測，只要一旦颱風來了能感覺得到就好。融資斷頭、政府基金進場護盤、SARS…就是颱風來的時刻，這時候就進場買股票。

如果還不懂颱風來了沒，可以用融資去買一張股票，一張就好，等接到追繳令時便知颱風來了沒；而且，根據台灣股市往往會超跌的慣性，我建議最好等接到第二次追繳令時，即第一次補繳後又被斷頭，才是接近底部。

GDP與指數同步見頂或觸底

我還有一個發現，抓GDP（國內生產毛額）年增率，即經濟成長率的高低，可以判斷大盤是在頭部或底部。台灣的大盤指數與GDP年增率是同步到頂或觸底。請注意，指數並未提前反映GDP，而是同步。

從下圖可以清楚看出其脈絡，每次指數的到頂或觸底，同時也是經濟成長率的高低點。

如1991年指數在5月達到6365點，GDP年增率跟著在第三季也到高點8.4%。這5月與第三季的差距，並不是落差，而是統計數據上的差別，因GDP只有季資料。1994年原物料股飆漲，指數在

10月漲到7228點，第三季GDP成長率也達最高7.7％。

GDP年增率與加權指數同步連動

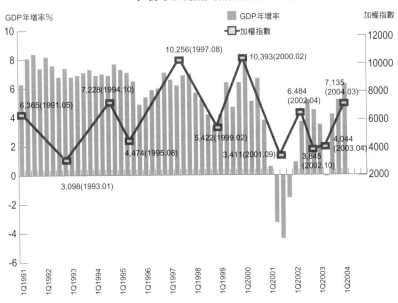

資料來源：http://61.60.106.83/ecosoc/CDBMain.htm

　　1997年MSCI調高台股權重，外資大舉湧入，把股價拱上久違的萬點10256點，第四季經濟成長率也高達7.0％。之後遇到亞洲金融風暴，股價腰斬，跌到5422點。1999年Y2K千禧蟲的問題以及網路興起，帶動電腦的大量需求，也吹起電子股的大泡沫，2000年2月指數重回萬點10393點，當季經濟成長率也達7.9％。

　　後來泡沫破裂，重創台灣經濟，GDP在2001年第二季到第四季，連續三季出現衰退，為1970年代石油危機以來僅見，指數慘跌七成，回到3411點，直到2002年才稍見起色，第二季指數反彈到

6484點，GDP在第三季回溫到5.2％。不過在2003年4月SARS，又讓指數跌到4044點。

我在2003年4月SARS期間，指數跌到4000多點時，即知道那是低點，因為景氣最壞應該到此為止。在當時我還預測這一波的上漲，將在2004年第二季到頂，只知道在第二季，但不知指數會漲到幾點，結果指數漲到2004年3月的7135點。

在3月上課時，我曾向同學發出警訊，請他們不要誤信某老闆「7000點只是起漲點」的話，因為每次股價一漲多了，就會有些豬頭出來亂喊。

這個結果其實很好猜，因為2003年GDP最低即是出現在SARS期間的第二季，所以它的高點應該會出現在2004年第二季，這純粹是基期比較低的關係而已。因此，不必真的去預估GDP，只要大概抓一下基期的高低即可。

不過近來我已愈來愈不看大盤漲跌，唯一重視的是個股價位有無跌到買進價以下很深。如發現這種超跌的股票，不管大盤如何，我都會建議買進。這是基於這幾年的觀察，指數從2000年的1萬點崩盤，仍然有很多股票在漲，如億豐、台化、鋼鐵股等。

巴菲特的經驗也是如此，在2002年道瓊跌到8000多點時，他與副董事長曼格都很悲觀，甚至認為在他們有生之年，可能在股票市場都已找不到便宜的股票，只能在併購上找標的。

結果，道瓊又彈回1萬點，巴菲特顯然看錯行情，他手上的持股也真的降低許多，僅以併購為主。可是波克夏的績效仍然很好，2002年波克夏淨值成長10％，2003年再成長21％。所以看錯大盤又如何呢？

第二個有便宜股票可買的好時機是，好學生月考考差時，這點很難判斷，因為有時很難搞清楚究竟是一時考差，還是永遠變壞了。例如華通，它在2000年之前曾是與鴻海齊名的好公司，孰知現在竟虧損連連，連電腦景氣復甦了也不見起色，什麼原因我也莫宰羊。

所謂好學生月考考差了，指的是一次性的損傷，沒傷到筋骨的才能買。巴菲特買美國運通，即是趁發生沙拉油事件時介入。國內的例子也很多，年興（1451）於2000年被客戶倒帳，2004年3月鴻海發生連接器侵權案等都是。這種利空在事件過後很快就沒事，如鴻海的案子，股價只跌了7％即反應結束。

景氣循環股怎麼玩？

另一種影響的時間較長，但也屬好學生考差的是景氣循環股。公司的體質沒變，只是產業景氣低迷而已，一旦景氣好轉，獲利就能回復。

景氣循環的產業以上游原物料股居多，如電子業的DRAM、晶片、面板、被動元件，以及塑化原物料、鋼鐵等。因為它們的獲利受景氣影響劇烈，股價波動特別大，如台積電可以從222元一路跌到34.9元，雖然投資台積電過去10年的獲利近10倍，但這其間的煎熬，非得要有很強的耐力才行。所以玩景氣循環股要順著cycle（循環）玩，看得懂cycle才能進去。

要看懂景氣的cycle，再進去玩

在評價景氣循環股時，千萬不可用最好或最差那年的EPS來算，因為這樣將造成股票價值的高估或低估。

例如中鋼在2003年大賺3.9元，股價平均卻僅23.8元（＝（18.9＋28.7）/2），本益比6倍（＝23.8/3.9），被嚴重低估嗎？不然。因中鋼1999～2003年的平均RoE為14%（＝（11＋15＋6＋13＋27）/5），換算成EPS是2.0元（＝14%×NAV$14.6），本益比12倍（＝23.8/2.0），約略與大盤相當。

友達、台積電的評價亦然。2004年初，大家在評估友達時，都說一股會賺10元，本益比10倍，股價至少100元，結果友達只漲到79.5元即反轉，這個落差即是犯了用最看好那年的EPS來估算股價的偏誤。

這個以五年平均獲利為準的觀念，證明我們在介紹「內在價值的計算」時，所強調的「內在價值是平均值的概念，而非最看好的那一年」的重要性，這在景氣循環股特別明顯。

就因為它的波動特別大，很難抓出精確的RoE與股價的振幅，所以倒不如看著cycle來玩。買景氣循環股，要先知道它的cycle是幾年一循環，或者至少要知道現在是在谷底、半山腰或高峰上；若一點感覺都沒有，那請不要亂玩，看不懂的股票不要玩，其實巴菲特也很少買景氣循環股。

我還有一個判斷景氣高點的經驗法則，當市場在爭辯景氣會好多久時，即是高點。2004年4月友達股價在79.5元時，有一位朋友很興奮的打電話問我「現在是否是全力加碼面板股的好時機？」他其實只是要我確認他的看法而已，我很想加以反駁，但當時面

板股的氣勢，實在不敢攖其鋒，只能很遺憾地不置可否。

在股市多年，我只抓得出晶片的cycle，面板、塑膠、鋼鐵的則看不懂。我曾用台苯（1310）股價來抓塑膠股的景氣，在90年代兩次循環都是五年半一個循環，四年下，一年半上。

在2000年以後，塑膠類景氣似有縮短的現象，只有兩年三個月，2000年1月到2002年4月那次，18個月下，9個月上。 由於這個現象是第一次出現，並無太強的證據可以斷言，下一次的循環也只有兩年三個月而已。

15年來台灣塑膠股的多空循環

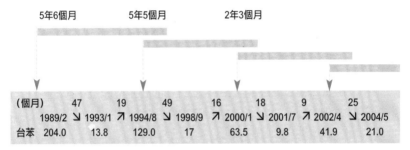

面板股的景氣我也看不懂，不過倒發現一個巧合的現象，友達的股價每次上漲都只漲四到五個月，從月K線圖可以看出這項規則。2001年從1月漲到4月，2001年10月到2002年2月，K線五個月收紅。2003年漲幅最大，但它也分兩階段上漲，先從5月漲到10月，扣掉9月的黑K棒，共漲了五個月；之後休息了兩個月後再漲，從2004年1月漲到4月。

這只是個有趣的現象，原因也不明，或許可以叫它「麥可定律」。不過，我相信它很快就會被打破。

我要再強調一遍，我看不懂面板、塑膠、鋼鐵的cycle。

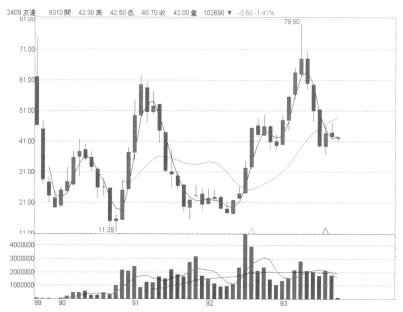

友達月線圖

2409 友達　9310 開　42.30 高　42.50 低　40.70 收　42.00 量　102690 ▼　-0.60 -1.41%

K線圖來源：ezChart

神奇的摩爾定律

　　晶片股的景氣一直很明確，大概是每三年一個循環，18個月上、18個月下，每10年還有一個大循環，即三個小循環後會盤整一至二年。這裡所說的18個月是個概略數，它可能會延長幾個月或少幾個月。

　　下表是過去15年來三支晶片股的股價記錄，晶片股漲最多的是在1992年8月到1994年4月那一次，漲了24個月，聯電股價從20元一路狂漲到153元，漲幅會如此可觀的原因，在於之前電子業長期不景氣後所爆發出來的榮景。

　　若把前面17個月的下跌（1989/5～1990/10）與22個月（1990/10～1992/8）的盤整全加進去，總共不景氣了三年又三個月。那次的不景氣後來是靠康柏電腦在1992年8月大幅降價才走出陰霾。為了降價，國際大廠紛紛把代工訂單轉到台灣，從此造就了台灣電腦王國的地位。

台灣半導體股的多空循環

(個月)		17		22		24		23		12	
	1998/5	↘	1990/10	---	1992/8	↗	1994/8	↘	1996/7	↗	1997/7
聯電	187.0		18.5		20.0		153.0		38.0		155.0
台積電									49.1		175.0
華邦									29.0		82.0

	14		16		21		12		18		18（？）	
↘	1998/9	↗	2000/1	↘	2001/10	---	2002/10	↗	2004/3	↘		2005/9
	34.0		128.0		23.4		19.7		35.2			？
	60.0		222.0		43.6		34.9		72.5	(03/10)		？
	23.4		106.5		9.3		12.7		22.6	(04/4)		？

　　1996年7月開始的另一波晶片股上漲，到1997年7月即結束，僅12個月，相對較短，那是被亞洲金融風暴所打斷，其實當時晶片景氣還持續暢旺，台積電的股價在1998年3月又回到高點後才下滑。如果算到1998年3月為止，這次股價的上漲也有20個月。

　　2004年景氣的高點，台積電的高點早在2003年10月就到頂72.5元，上漲僅14個月，聯電與華邦比較規律，分別在2004年3月與4月到頂，漲了18個月。

　　晶片業會出現18個月上或下循環的原因，一般的解讀是因為摩爾定律。根據摩爾先生的觀察，晶片功能每18個月就提升一倍，

　　無論是晶圓尺寸的增大，如從8吋變12吋，或線寬的縮小、由0.15微米縮成0.13微米，均是呈平方比的增加，所以造成晶片業景氣18個月上或下。

　　根據這項規則，我曾在2003年初即成功預測本波晶片股將在2004年的3月出現高點，因為是從2002年10月的低點算起18個月。不過當高點出現時，我又猶豫了一下，誤以為景氣還會延續幾個月，當時張忠謀「景氣剛在初夏」的談話造成我的搖擺。當然不能堅持己見的責任還是在我，我無意卸責給小謀。

　　小謀真可謂「一路走來始終如一」，1998年春他說：「景氣看不到一片烏雲」，當時股價在150多元，之後跌到60多元。2002年4月，小謀又說:「春燕來了」，股價又從90元跌到40多元。我不認為小謀在騙人，只是常常看不準而已。他看晶片景氣的功力，大概跟我在看盤差不多。

　　現在我又要鐵口直斷，這波晶片股價的下滑要到2005年9月為止，不過這次台積電、聯電股價回檔幅度應不會太大，因為之前並未飆漲過。

　　我看待景氣循環股，仍會做最壞的打算，即一旦投機不成，就把它當作長期投資。所以買循環股我只買龍頭股，如台積電、中鋼、台塑（1301）等，以便在高點沒賣到時，可以安心的等待下一次。

賣股3原則

我的賣股三原則：

1.壞了（RoE＜15％）

2.貴了（PER＞40x）

3.換更好的

這是我還沒認識巴菲特之前，自己寫出來的。幾年後看到《1987年報》，發現老巴也這樣講：

「當一家公司被高估時，我們會把它賣掉（2.貴了）。即便它的股價尚屬合理，或仍稍微低估，我們也可能會換股，買更被低估或比較熟悉的（3.換更好的）。但我們不會只因股價的上漲，或已經持有一段時間而賣股票。我很願意無限期持有一家公司，只要它的RoE令人滿意（1.壞了），管理階層能幹且正直，以及股價未被高估。」

完全相同，我只能說「英雄所見略同」。

巴菲特在《2002年報》還說：「**我買錯股票的機率只有1％。**」我無他此等功力……吹牛的功力，我概估自己買錯股票的機率約25％。而且巴菲特買錯公司，還可以換掉經理人，1993年他併購德斯特鞋業（Dexter Shoe），後來表現不理想，2001年他即換掉經理人。我也想把聯電、華通的經營階層換掉，但股票不夠多。

其實巴菲特也不是不賣股票，在1999年股票貴得離譜時，他即把一般持股賣個精光，只剩下永恆持股可口可樂、吉列刮鬍刀、美國運通、富國銀行，與華盛頓郵報。

而且根據瑪麗巴菲特在《The New Buffettology》的講法，

1998年巴菲特還去買了一家通用再保（General Reassurance），那家公司的資產幾乎全擺在債券上，等於是全現金的公司，這種公司的本益比較低。

巴菲特用波克夏股票去換通用再保，這等於是他把部分的永恆持股也賣掉了。在1998年波克夏股價約8萬900美元，當時可口可樂的本益比是167倍，華郵65倍，美國運通54倍，吉列 108倍。用換股票來賣股票，這一招真厲害，各位可要學起來，希望很快你就會用到。

設停損，不如分批加碼

一般人也有買賣開關，主要有兩點：

1.看漲就買，看跌就賣

2.設停損

一般人做投資常自以為是的根據基本面、技術面，或長年累積下來的看盤經驗在判斷，但事實卻不盡然，大盤連漲個三天即心癢跳進去了，連跌三天，受不了又砍掉。

在1992年，我曾建議一位歐巴桑買聯電，當時股價在20元，後來漲到30多元，我以為她應該大賺，她卻鬱卒的告訴我，她還是賠了。「都是跌？（為什麼？日文音譯）」我不解地問，原來她在20元時不太信我，猶豫了一下，漲到23元才進去，馬上遇到回檔，回到21元設停損砍掉，後來又漲到24元再進去、再遇回檔、再出掉，來回三次。好端端的一檔股票，她竟會做到賠錢。

有人強調設停損，說以15％為準，可是實行起來，一檔從K線

看來一路上漲的股票，其間回檔個15％可說是家常便飯；設15％的停損，常是跌到18％，執行停損後反彈，把停損點修正成20％也一樣，若再放寬則沒意義了。

有些人停損之後又積極換股，想把賠掉的錢趕快賺回來，結果一次大盤的回檔也許才15％，我們這位謹慎又積極的投資人卻賠了45％，回為他連換了三次都錯，從回檔過的換到還沒回的，連挨了三記耳光。

以上的錯誤，都是因為投資人不會計算股票的買進價，才會出現的行為。

設停損還不如好好檢討買錯的原因，是基本面看錯還是買貴了？若只是買貴了，基本面還是好的，用分批（二分之一）加碼的方式事後補救，可能是比設停損更好的辦法。

buy and hold，就像種果樹

買股票最上乘的武功是買了就不要賣，buy and hold，這是巴菲特投資理論中讓我最看不懂的一點。每當看到巴菲特說：「我們偏愛的持股期限是永遠」，我總覺得他在吹牛，騙笑！怎麼可能有那麼神，買了一檔股票可以好到永遠都不必賣，尤其在台灣公司的生命周期相對較短。

買了就不要賣，這個觀念其實不是巴菲特首創，他的前輩費雪在《普通股與不普通的獲利》中即提過，他說「**買對股了就永遠不要賣**」，他最看好的一檔股票摩托羅拉即抱了25年，讓他賺了30倍。

　　我的疑問直到看了《1984年報》才豁然開朗：「**波克夏的紡織廠、多元零售的百貨公司、藍籌郵票的郵票買賣，這些事業目前已：**

　　1. 倖存下來但獲利微薄

　　2. 規模萎縮而且大幅虧損

　　3. 只剩當初入主時5％的營業額。

　　只有把資金改投到其它較好的事業，才能彌補回來（就像在補救年輕時的揮霍），多角化顯然是正確的抉擇。」

　　「**我們將持續多角化政策，並支持現有事業的成長。雖然這些轉投資的報酬率可能比不上過去的績效，但只要保留下來的錢能夠創造更大的利益，我們即會堅持下去，直到找不到符合前述標準的標的物為止，屆時就會把多餘的資金發還給股東。」**

　　這段文字，多角化投資，講的正是buy & hold 的道理，我把它取了一個更貼切的名字「種果樹」。這就像果農種樹一般，一開始較沒錢時先種一棵，結了果子，再去種另一棵，一棵變兩棵，兩棵變四棵……一路成幾何級數繁殖下去。

　　長期投資的目的在於享受複利的效果，如此才能發大財。所謂複利效果不是靠自欺欺人的神技，這支賺完換那支，支支賺，天天賺，純粹是操了「一口水」好盤。除了電視上的老師外，我從來沒看過有人股票換來換去可以賺大錢的。

　　在《財星》雜誌列名的大富翁，不僅巴菲特，微軟的比爾蓋茲、威名百貨的華頓家族，他們應該都是最了解自己公司狀況的人，但他們從未在業績轉淡時把持股先出一趟，接到大訂單時再補回來。只有我們這種沒幾張股票的小散戶在跑來跑去，不亦樂

乎。「他（比爾蓋茲）傻瓜，我聰明」，我們都這麼想。

要長期投資，除了要活得久一點外，重點是要選「能維持高RoE＋低盈再率」的股票，因為能維持高RoE才有複利效果，如億豐1999～2003年的RoE：1.34×1.33×1.31×1.33×1.41＝4.3782，五年就賺了3.4倍。

因為低盈餘再投資率才能配得出現金，就像果農種樹一樣，結了果子再去種另一棵，即便原先種的果樹枯死了也沒關係，因還有別的果樹好幾株。

投資組合至少要有5檔股票

種果樹要看季節，每種股票落底時間都不同，例如2000年泡沫破掉後，電子股一直跌，可是傳統產業股卻趁勢興起，中碳、億豐、台化（1326）一路漲。所以股票要一檔一檔種，慢慢構成投資組合，千萬不要全面殺進殺出，看好時一古腦兒買進，看壞時又大舉砍殺，這次買的五檔股票跟上次五檔完全不同。

我建議一個投資組合至少要有五檔股票，以五到十檔最適合，單一個股的比重不要超過三分之一。持股若低於五檔以下，太過集中，其中只要一檔股票回檔超過五成，壓力馬上就來，很容易在半途就被迫停損。

股價無緣無故回檔五成是常有的事，2004年指數從3月的7135點回到8月的5255，指數跌幅25％，但個股跌幅超過五成的比比皆是。

一個適度分散的投資組合，還可以大幅降低風險。例如假設選錯股的機率是25％，而且手氣還背到家、踩到地雷，即25％變成

0，另外75%的持股只要漲33%就能彌補過來。

這其實是一個簡單的算術觀念，一支股票頂多跌到0，跌幅不會跌超過一倍，可是漲幅卻可以好幾倍，用來彌補跌掉的綽綽有餘。所以做股票應儘量以做多為主，做空不會發大財，因為做空頂多賺一倍。

地雷股的防範

不買股票不會有事，頂多只是少賺而已，買錯股票才會出問題，所以投資時對於犯錯的檢討，應該要比做對事情更重要，對地雷股的防範與績優股的挑選，宜投注同樣的關心。

巴菲特在《1992年報》也說：「**投資人不須花太多時間去做對的事，只要盡量避免犯重大的錯誤。**」最近爆發博達（2398）掏空公司的事件，是很好的反省機會，讓我們來檢查一下我們的選股方法，能否篩選掉博達之類的地雷股？

先列出選股準則，一一檢定：

必要條件：過去五年高RoE ➔ 低盈再率 ➔ 經久不變/獨占/多角化

充分條件：1.上市未滿2年者少碰2.年盈餘高於5億元的才買

博達近三年的財報

	1Q04	4Q03	3Q03	2Q03	1Q03	4Q02	3Q02	2Q02
現金	6,302	5,353	4,273	4,676	3,813	4,177	3,153	1,928
短期投資	358	353	372	30	775	520	1,601	1,817
應收帳款	924	1,440	3,623	3,241	3,372	3,029	3,222	3,726
存貨	216	456	171	147	564	894	1,426	1,217

買股原則：等股價便宜時（PER＜12x）

首先看博達的現金、應收帳款與存貨，會發現並無異狀，2004年第一季63億元現金還掛在帳上，但實際上已經不見了，這是會計師查核的問題，投資人光憑兩張簡式報表是不可能察覺的。這也證明之前我的會計師所說「憑兩張簡式報表，甚至長式報表，是不可能看出有無作假帳的」。

博達財務檢驗

	還原	RoA%	RoE%	Eq%	四年盈再率%	EPS$	Net$m	YoY%	NAV$	股息	股票
1996	21.0			34		1.6	17	-	13.1	0.00	0.00
1997	18.4	7	19	47		1.5	48	182	14.5	0.00	1.40
1998	16.7	13	29	47		2.8	175	265	18.2	0.00	1.00
1999	13.9	12	25	47		3.4	341	95	21.6	0.00	2.00
2000	11.4	15	31	58	536	4.8	747	119	45.3	0.00	2.20
2001	8.2	7	13	52	438	3.7	939	26	36.3	0.00	4.00
2002	6.5	1	2	51	389	0.5	155	(83)	28.8	0.00	2.50
2003	6.4	(19)	(37)	44	(352)	(10.4)	(3,673)	na	16.3	0.00	0.20
2004	6.4								17.3	0.00	0.00

博達在2000年之前的RoE很高，但是盈餘再投資率卻也高達536％，這會讓我們心生猶疑；另外它的主業主機板與砷化鎵，很明顯通不過三項不會變特質的檢定，因為主機板業者的毛利愈來愈低，而砷化鎵則是我們看不懂的產業。

再來看充分條件，博達在1999年12月上市，又不符合必要條件，我相信我們會把它先晾個兩年再看，亦即在2003年之後，這時它的獲利即大幅衰退了。

另外，博達在2000年股價曾飆高到368元，這也太貴了。太貴就不要買，這比等便宜再買還重要。

衛道財務檢驗

	還原	RoA%	RoE%	Eq%	四年盈再率%	EPS$	Net$m	YoY%	NAV$	股息	股票
1996	13.8			17		2.2	2	-	12.0	0.00	0.00
1997	13.8	38	217	25		9.5	26	1,200	17.0	0.00	0.00
1998	13.8	12	46	32		4.5	31	19	15.9	0.00	0.00
1999	10.8	22	70	48		5.3	112	261	17.5	0.00	2.80
2000	7.7	32	67	53	59	8.0	327	192	20.1	0.00	4.00
2001	4.3	25	47	42	73	5.8	383	17	17.4	1.00	5.50
2002	2.6	2	6	41	110	0.7	67	(83)	16.6	1.00	3.00
2003	2.4	(11)	(28)	27	216	(4.4)	(445)	na	11.3	0.00	0.50
2004	2.4								10.6	0.00	0.00

　　衛道的RoE是之前講過要極力避免的，從高檔一路往下的RoE，1997年高達217%，2002年下滑到6%，選股準則第一關即通不過了，2002年的盈再率也偏高，達110%，實在有違軟體公司的慣例，另外它究竟是做啥軟體我們也搞不清，第二關、第三關也都過不了關，其他就甭提了。

　　我必須再強調，根據我的選股原則會選錯股的機率，我的體會是25%，仍須靠其他經驗法則的輔助，才能提高勝算。

📖 本章摘要

◎「電鍋煮飯」理論：投資人面對市場波動的態度，應該跟用電鍋煮飯一樣，把米洗好放入鍋內（選股），按下開關（設定買賣時機），就等著聽啪一聲開關跳上來，告訴你飯煮好了。若三不五時掀起鍋蓋胡亂翻攪（換股），反而煮不熟。

◎買股票的原則只有一條，即等便宜再買，所謂便宜是指12倍本益比以下，當然是愈低愈好。能撿到便宜的時機有二：一是大盤的颱風來時，二是好學生月考考差時。

◎從經濟成長率（GDP）的高低，可以判斷大盤是在頭部或底部，台灣的大盤指數與GDP年增率是同步到頂或觸底。請注意，指數並未提前反映GDP，而是同步。

◎買景氣循環股，要先知道它的cycle是幾年一循環，至少要知道現在是在谷底、半山腰或高峰；若一點感覺都沒有，那請不要亂玩，所以玩景氣循環股要順著cycle（循環）玩，看得懂cycle才能進去。

◎與其設停損，不如好好檢討買錯的原因，是基本面看錯還是買貴了？若只是買貴了，基本面還是好的，用分批（二分之一）加碼的方式補救，可能比停損更好。

◎買股票最上乘的武功是買了就不要賣，就像果農種樹一般，一開始較沒錢時先種一棵，結了果子再去種另一棵，一棵變兩棵、兩棵變四棵……一路成幾何級數繁殖下去。長期投資的目的在於享受複利的效果，如此才能發大財。

◎我建議一個投資組合至少要有五檔股票，以五到十檔最適合，且單一個股的比重不要超過三分之一。持股若低於五檔以下，太過集中，其中只要一檔下跌超過五成，壓力馬上就來，很容易在半途就被迫停損。

◎投資時對地雷股的防範與績優股的挑選，宜投注同樣的關心。用我的選股方法，在博達與衛道的財報中，都可以發現地雷股的跡象。

近視理論

我現在只做檢定，
儘量減少預測，
檢查這支股票是否有「能維持高RoE＋低盈再率」的特質，
以及目前股價夠不夠便宜。

Chapter 8

預測通常不準

面對大盤的波動，我主張「電鍋煮飯」理論，把買賣開關設定好，原因有二：第一，既然我們會算一支股票的買進價了，至於何時股價會跌到買進價以下，何必在意呢？

第二個原因是我的經驗談，我進股市學看盤，看了近15年，最大的心得是，我現在看盤的功力跟15年前差不多⋯⋯喔！我的意思是說，我第一年就很會看盤了，只是一直都沒啥長進。

我想跟我有相同感嘆的人應該不少，只要他夠誠實，誠實面對自己。即便是股神也常看錯行情，《1996年報》：「**在看到一次重大的投資失誤後，有朋友問我：『你很有錢，可是為什麼還這麼笨呢？』在檢討本人在美國航空上的差勁表現後，你可能也會同意。**」其實巴菲特後來在美國航空，是賺到錢才賣掉的。

《1981年報》也說：「**去年你們的董事長發表看好鋁業發展的前景，只是後來一路微調，最後的結論竟是一百八十度的轉彎。**」

很多人在看行情時即一路微調，如此當然每次都會對。例如那斯達克指數跌到1200時喊說會破1000，後來沒破、反彈到1800，又改口說會上2000，反正找個最接近的點亂喊一通，成真的機率比較高。這是一位在外資頗受敬重的先生發表過的看法，我比較討厭，記得太清楚。

用寫日記檢討投資

我一直建議我的學生要寫投資日記，在看行情或買賣股票前，不妨把當時的想法條列式的記下來，等到事後再來檢討，看看當

初所想的與實際相差多少，這對精進投資功力有很大的幫助。

有些人，尤其是看趨勢的人，常會犯了愈漲愈看好、愈跌看愈差的偏誤。例如2000年初電子股泡沫要被刺破之前，大家在瘋光纖，康寧（Corning）股價已漲了幾倍，還有人把它拿出來大加吹捧一番。

等到2002年大盤指數跌到4000多點，他又緊張兮兮的嚇我們通貨緊縮的時代要來了。這是很多人會犯的毛病，把它寫下來做事後檢討，即可逐漸修正這項偏差。

從現在的狀況去檢定這位大師當時的預言，我們會很驚訝，剛好是反指標。在大力吹捧光纖股時，反而是很好的賣出點，在2002年大喊通縮時代要來臨時，卻是買原物料股的大好時機，才2004年而已，石油、塑化原料、鋼筋都在飆漲。當然我也只是後見之明，我仍然很敬重這位大師是台灣最好的分析師。

如果你很信哪位大師或外資研究員多準，不妨把他們一年前寫的報告拿來回顧，將會發現盡是一篇又一篇的笑話，當然也包括我過去的預測在內。

我的預測更不準。我在大學推廣部開的巴菲特班招生人數，第一期是8個，第二期13個，成長63%，我以為第三期會有……結果是3個，沒開成，只好延到下一期。這故事告訴我們，做預測不能兩點連成一直線。

我的會計師笑我說，這樣更好，下次開課時才會變成轉機股，只不過這隻青蛙只是聒聒叫而已。我連預估學生人數都不準了，實在很欽佩上市公司或研究員，如何預估公司未來幾年的盈餘。

我在上課時，都會請同學預測下周大盤走勢，而且用筆記下

來，最準的那一位獎金100元。同學總能侃侃而談，講得還活靈活現，好像他手上就有一個水晶球般；等到第二個禮拜請同學把答案紙拿出來，就閃閃躲躲了，同學念出上周所寫的預測都粉好笑，試了幾次沒人可以領到100元獎金。

後來在第三期100元獎金真的被一位老先生領走了，他的盤勢預測寫得有點像氣象預報，晴時多雲偶陣雨，任何狀況發生都對，我只好給他100元。這一招實在厲害，我想他可以去上電視當老師了。

在股市裡，每個人都是近視眼

就是這些經驗，我提出一個「近視理論」，每個人都是天生的近視眼，來解釋股市與經濟活動的道理，我不認為人的眼光可以看得多遠。例如股市總是頭部見大量，底部乏人問津，而且一再重演；又如景氣循環也是因業者盲目看好就擴產，不好就關廠所致，這些都在在證明每個人都是天生的近視眼。

這現象實在不是如經濟學上所假設的「理性預期」可以解釋，因人若是理性的，應該有學習的能力，會隨時調整，可是歷史證明人類的經濟行為，總是無法擺脫循環。

投資學「效率市場理論」所解釋的，只是股市短期現象，即眼睛度數內可以看清楚的部分，如下個月營收、接到大訂單，或工廠爆炸之類的消息，可能有消息靈通人士早一步知道，股價會很有效率的反應。可是一旦問及台積電明年或後年的狀況會怎樣？即便是張忠謀也不知道，事實上全世界沒有任何人知道。

近視理論、效率市場理論，與股價及價值之間的關係，畫個圖

來看即能理解：效率市場只能解釋股價短期波動現象，可是更重
要的，股價長期的運動是沿著價值線在前進，價值線的方向才是
我們應當要關心的。

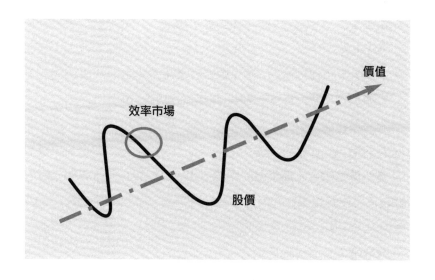

　　市場的「近視」在最近似有加重的現象，中國總理溫家寶對經
濟採取降溫措施，裕隆（2201）股價竟然在2004年8月跌到28.2
元，跌破每股淨值30.2元。這是十分離譜的事，因為通常一檔股
票如果RoE高於一年定存利率，它的股價都能有溢價，亦即維持
每股淨值之上，更何況裕隆的獲利相當亮麗，RoE高達19％，
2004年的EPS預估 5元。

分清知與不知

根據「近視理論」，我主張買股票的第一步，即要分清楚什麼是我們所知道的，什麼是不知道或不可知的。投資要根據可知的去做決策。

我不知道：

1. 明天、下個月或下一季什麼股票會漲？

2. 某公司下個月營收，明年、後年獲利預估？

3. 某股會漲到多少元？壓力？支撐？

4. 大盤年底會漲到幾點？

這些都是投資人最常問的問題，大家也只對它們有興趣。很遺憾的，這些問題我真的沒有一題知道答案，而我在股市搞了近15年了。

我只知：

1. 抱牢「能維持高RoE＋低盈再率」的股票，最後一定可以大賺，因：

   a. max投資報酬率公式可以證明

   b. 巴菲特已經實踐

   c. 回顧還原股價也可得證（億豐、中碳、中華車……）。

2. 過去五年RoE大於15%的公司，下一年度RoE仍會大於15%的機率是70%，

   選股原則：

   過去五年高RoE → 低盈再率 → 經久不變/獨占/多角化

   （順序不可顛倒）

3. 預測股價漲跌是不可能的。我只計算買進價，以分辨股票的貴俗。在股價未碰觸到買賣開關之前，不要亂動持股。

我也是到了最近才恍然大悟「知」與「不知」，這突然的自覺讓我投資功力大增。現在每當看到電視上的分析師有模有樣地在回答上述問題時，我都很想笑，因他們根本不知道自己在說什麼，總把自己的期望當作預測。

巴菲特所講的「**投資人應該注意的，不是他知道多少，而是他不知道什麼。**」《1992年報》「**當愚蠢的金錢了解自己的極限之後，它就不再愚蠢了。**」《1993年報》

就是在講這個道理，「知之為知之，不知為不知，是知也！」

巴菲特理論中最強調「確定性」

我看波克夏年報，看到第三遍，感受愈來愈深的是，巴菲特投資理論的基本精神在於強調確定性，這是他與傳統基本分析最大的不同。

在《1993年報》，老巴說，投資人在做評估時要考慮：

1. 長期不變的好公司特質，可以衡量的確定性

2. 經營階層有效運用現金，可以衡量的確定性

3. 企業獲利回報給股東，可以衡量的確定性

第二項「經營階層有效運用現金」即是指RoE，第三項「企業獲利回報給股東」則是指配息率或盈餘再投資率。這三個條件其實是滿抽象的，尤其是第一項「長期不變的好公司特質」，可是巴菲特卻說「投資人在做評估時，要考慮它們可以衡量的確定性」。

在《1996年報》，巴菲特又說：「**無論是併購整家公司或買賣**

股票，有人可能會發現，我們偏好變化不大的公司與產業。理由很簡單，我們喜愛的公司是競爭優勢能夠維持達10年或20年以上者。變化太快的產業環境，或許可以讓人一夕致富，卻不能給我們想要的穩定性。」

這兩段話給我很大的衝擊，開始領悟到券商基本面研究的不足，因為傳統的看法是認為股價反映未來，所以常常在做預估，或發表所謂的看法（view）；可是事後證明，預估或看法的可靠度很差。我以前在外資當研究員所寫的報告，現在都不好意思拿出來再看一遍。

巴菲特在《1992年報》說：「**短期股市的預測是毒藥，應該要把它擺在最安全的地方，遠離兒童、以及那些在股市中的行為像小孩般幼稚的投資人。**」我真想把以前寫的報告燒掉。

我現在仍認同股價反映未來，但主張建構一套投資準則來篩選個股，這遠比用預估或看法可靠。我只做檢定，儘量減少預測，檢查這檔股票是否有「能維持高RoE＋低盈再率」的特質，以及目前股價夠不夠便宜。

建立標準化投資程序

我投資的動作是一貫化標準作業程序，只有10大步驟：

1. 從四季報中做初步篩選，選出過去四年中、至少三年RoA＞10％者（因四季報中無RoE，僅以RoA來概估）。

2. 根據配息率或流動資產比率，來概略估計盈餘再投資率的高或低。

3. 檢定三項特質：經久不變/獨占/多角化

4. 檢查充分條件：a.上市未滿兩年者少碰 b.年盈餘高於5億元的才買

5. 列出入圍名單，上網查財報，做成Excel檔

6. 設定最可能的RoE，計算買進價

7. 區分景氣循環股，了解現在是在谷底、半山腰或高峰？

8. 追蹤舊聞與新聞

9. 耐心等，股價＜買進價

10. 分批（二分之一）買進

　　我建議各位讀者，要把這十大步驟養成投資習慣，就像吃油條一定要配豆漿般那樣自然，如此就會覺得投資真簡單。

　　我有一位學生來上課時被我感動，他說也被雷打到了。他還把我上課的講義拿給姊夫看，他姊夫只瞄了一眼，不屑地說：「買股票哪有這麼簡單，要看基本面、技術面、籌碼面、心理面……要吃很多麵哩！」我聽了同學的轉述，不禁竊喜，因為這表示我還可以多開幾堂課、多賣幾本書。

　　巴菲特每次都在笑我們，他的投資方法很簡單，可是大多數的人都學不會。他還講得很毒，在《1988年報》：「**我們很難教會小狗老把戲。**」

區分價值與價格

　　影響股價的因素很多，但加以區分其實只有兩類，一是會影響到股票的價值，亦即長期的RoE，例如市場的飽和度。主機板、筆記型電腦、數位相機業一直往大廠集中，小廠逐漸難以存活；

近年來競爭更激烈，不僅小廠虧損累累，大廠利潤也愈來愈薄。

這種事情默默的持續進行，不易察覺，卻是最要關心的。看到下則消息我都會很害怕：

【電子時報 9-10-2004】 惠普DSC大單台廠慘賠搶著要，賠錢訂單總比沒訂單好？DSC廠擔心惡性循環。

台灣數位相機（DSC）廠近來可說是屋漏偏逢連夜雨，不僅客戶下單量遠不如預期，日前最大客戶惠普（HP）一筆70萬台400萬畫素定焦機種訂單，設定台廠接單價格約為50美元，這低於台廠該機種製造成本（至少63美元），儘管訂單價格要求相當嚴苛，但DSC業者表示，即使有賠本接單疑慮，各廠仍將積極爭取。不過，相關訂單事宜未獲惠普亞太總部證實。

要檢查出它的變化，正是靠我們的選股原則，檢查公司過去五年RoE的趨勢，以及它的三項特質，市場占有率或多角化能力強不強。

過去五年高RoE → 低盈再率 → 經久不變/獨占/多角化

不必理會影響價格的因素

另一類影響股價的因素，雖然它每天見報，也非常複雜，例如利率、匯率、油價、景氣何時復甦、何時三通、國安基金會不會護盤……但這些對內在價值卻沒影響，只會牽動股價而已。這些因素可以不必理會，甚至趁它們把股價打低或炒高時，買進或賣出股票。

利率是股市投資人最重視的變數之一，因為它關係到與股票投資報酬率的比較。若利率降低，在銀行的資金會流到股市，尋找較高的報酬率，促成股價的上漲。

只是預測利率跟預測大盤一樣，是不可能的事。試想在2000年以前，有誰能預料到一年定存利率後來會降到1％？葛林斯班在調利率也都是一碼、兩碼慢慢試，直到試出能穩定經濟為止。

預測景氣何時復甦也不容易，問業者的看法會比較準嗎？張忠謀說得真好，在一次法說會上，焦急的外資研究員問張董晶片景氣何時復甦？張董露了餡說：「股價不是已經告訴我們了？」原來股價也是張忠謀研判景氣的指標之一。我們股市投資人在看張忠謀，張忠謀也在看我們。

張董判斷景氣的指標有二，一是手上的訂單，另一是看股價，股價還比訂單領先。至於能比股價更領先的，就只有人的洞察力，不過，根據我的「近視理論」，人的看法常常不準，2004年初台積電股價早已跌到50多元了，一堆高薪的外資研究員，還在喊上看90元。

關心國安基金會不會護盤，或外資有沒有賣股票也很不必要，因為每天都有一半的人在買股票，另一半的人在賣股票。政府或法人如真的護得了盤，或有所謂的法人作帳行情，那這些人買股票不就永遠不會賠錢了？國安基金2000年在護盤，一路由8000點護到4000多點，被K得滿頭包。

有人喜歡亂扯，把其他根本不相干的東西，硬加到股價的解釋來，說什麼核四的停建造成台灣投資環境惡化、股市大跌。一個電廠的停建，威力真有那麼大？那年台積電獲利衰退，股價本來

就該跌，這難道是因為核四的停建，嚇得台積電的客戶減少下單所致？

別每次都把股價下跌的責任推給政府，當然上漲也不是誰的功勞，景氣循環才是影響股價最大的作手。2001年台積電獲利的衰退，只是因為之前電子業泡沫破滅後，景氣的調整而已。

我一直覺得買股票應該像買荔枝一樣，我只知荔枝六斤100元是便宜的，未跌到這個價位就不買，不買荔枝（股票）又不犯法。跌到這個價位以下才買，跌到八斤100元買更多。至於它是如何便宜的，是因產量過剩、雨水充足、開放進口……無須在意。

該在意的是荔枝甜不甜？即RoE高不高；如何挑好的、不長蟲的？即檢定低盈再率與經久不變/獨占/多角化等三項特質。你在買荔枝之前，會先看研究報告了解今年荔枝產量的預測嗎？買股票也可以不必。

巴菲特說：「**我們從不、也沒有、也不會對未來一年的股市、利率或產業環境有任何看法。**」「**我對總體經濟一竅不通，匯率與利率根本無法預測，好在我在做分析與選股時根本不去理會它。**」講的正是我這個買荔枝的道理。

用股市觀念解讀經濟學

總體經濟面上的變動，只會影響股票的價格，而非價值，做投資時可以不必理會。但要做到如老僧入定般不動於心，得先具備一點經濟常識才行。

經濟上的變化主要是幾個專有名詞的交互作用，用股市的觀念

來解讀這些名詞會變得很簡單。我經濟學與會計學的學分，都是在股市裡補修來的，雖然在大學都念過，但當時都一知半解。

GDP：國內生產毛額＝營收

GDP年增率＝經濟成長率＝營收成長率

匯率＝股價

利率＝股利

外匯存底＝遊樂場的代幣

GDP（國內生產毛額）就是營收，因為毛額是未扣掉成本的意思，GDP即「台灣」這家公司的營收。一國的營收一旦衰退，股價（即匯率）就會跌；若硬要維持股價不變，就得支付較高的股利，也就是利率會高漲。

GDP、利率、匯率環環相扣

這三者的關係，1997年亞洲金融風暴，提供一個最好的教材。那年東南亞各國貨幣因外資撤離而競相貶值，經濟大幅衰退；香港也受到打擊，但港幣卻一直不貶，還堅持聯繫匯率，與強勢美元掛鉤。國際炒家紛紛看出這項不合理，拚命放空港幣與恆生指數期貨，其中最有名的一位就是索羅斯。

港幣被高估而不讓它貶，利率必然上升，當時隔夜拆款利率曾飆漲到300％，導致恆生指數由1萬5000多點暴跌到6000多點，索羅斯打的主意正是想賺放空期指的錢，因為他深知港幣的聯繫匯率政策不可能改變，那是香港做為一個國際金融中心的保證。

國際炒家的如意算盤，後來被香港史無前例的措施打敗，動用外匯存底來護盤。港府動用了1181億元港幣，集中買進恆生指數

33檔成分股,把指數從6000多點硬是拉到1萬5000點,迫使炒家損失離場。

GDP差 ⟶ 港幣貶 ⟶ 索羅斯**空**港幣贏
　　　　　不貶 ⟶ 利率升 ⟶ 股價**跌** ⟶ 索羅斯**空**恆指贏
　　　　　　　　　　　　　　　不跌 ⟶ 外匯護盤

這次動用外匯存底來護盤的措施,是應加以批評的,因為外匯存底並不是政府的錢,它只是一種兌換,就像到遊樂場去玩要先換代幣一樣,有多少現金換多少代幣,它是貿易順差與資本淨流入的總和。

香港政府實在不該擅自動用,就像遊樂場的老闆不該把遊客兌換代幣的錢,又換成代幣一樣,這將造成代幣失去價值,因為沒有等值的現金來做保證。

而且一旦遊客要結清出場,想把代幣換回現金時,將無錢可換,這會造成國家信用危機。所以在事情過後,港府很快把那些股票設了一個盈富基金,供市民認購,以便套回現金。這種安排也可以避免在市場上大量釋股,又把股價打回原形。

中國政府堅守人民幣之道,則是不准投機交易市場存在,讓炒家要用期貨作多作空人民幣都不行。人民幣是應當要升值的,因為東南亞金融風暴產生的原因之一,即是近年中國的興起,更廉價的勞工與廣大市場,吸引了原先在東南亞的外資轉向;人民幣一直不升值,東南亞國家的貨幣只好被貶,中國政府當時還大幅調降利率,抒解升值壓力。

台灣政府對亞洲金融風暴的因應相對比較適宜,放任台幣適度貶值,所以台灣經濟在風暴中受的衝擊最小。1998年、金融風暴

最嚴重的那一年，韓國的經濟成長率是-6.7％，香港-5.3％，而台灣還高達＋4.6％。當然這與台灣經濟體質較為健全也有關，台灣的主力產業已轉型到高科技，勞力密集產業則外移到大陸，所以相對抗跌。

簡介三種經濟學派

政府在經濟上應扮演何種角色，在這次事件中又起爭議，這個爭議自古以來一直存在，並衍生出各種學派，如古典學派、凱因斯學派等。要了解這些理論得念經濟史才容易了解，因為它們的出現，都在於解決人類歷史上各時期的經濟問題。

18世紀以亞當斯密為首的古典學派，主張尊重市場機制，用以打破當時在經濟上貴族壓榨平民的不平等。同時期盧梭、孟德斯鳩等先賢，則高舉民主的大纛以反抗政治上的君主專制。

當時工業革命未發達，生產力有限，馬爾薩的「人口論」還認為生產的增加是算數級數，趕不上人口幾何級數繁殖的速度。在供給有限的情況下，問題的重點在於分配，古典學派主張讓看不見的手（市場機制）自然運作，減少人為的干預，在「優勝劣敗」「供需決定價格」的法則下，達到資源的最適配置，避免人為分配的不公。

20世紀初，工業革命已十分發達，而且當時關稅壁壘嚴重，列強為尋找市場出路，甚至還爆發了第一次世界大戰，1929年也發生經濟大恐慌。這時的經濟問題是供過於求，而非分配不均，因此凱因斯提出增加政府支出來提振需求。

這顯然已體認到市場自動調節機制的不足，工資與物價的向下

僵固性、廠商忍受不景氣的態度、利益團體的運作,與政治上的考量等因素,均會讓市場調節機制失靈。

多數業者在面對不景氣時,總是先靠以往累積的盈餘苦撐,甚至逆勢擴產以搶占市場,其次再求降低成本,等到不堪虧損後才會考慮減產。而且競爭力弱的傳統產業,常又掌握較多的政治資源,製造人為障礙或要求補助,導致「供需自然調節」與「優勝劣敗」的法則,不易立即產生效用。

20世紀所面臨的經濟問題與18世紀明顯不同,才會有凱因斯提出與古典學派完全不同的主張,這是問題的不同,並非誰修正誰、或哪一派較好的問題,而是「斯斯有兩種,治流鼻水與喉嚨痛的藥不同」。

凱因斯學派在80年代雷根主政時期也漸無效,因為太好的社會福利制度,讓窮人懶於工作,富人因稅負重不願投資,導致高失業率與低經濟成長,亦即供給與需求均顯疲弱。

此時要促進經濟成長、提振需求,反而要先增加供給,即增加工作機會讓人民有錢來消費,所以主張削減社會福利與減稅,來增強工作動機、刺激投資意願與民間消費,這就是供給面學派的由來。

上述三種經濟學派用供給與需求強弱的座標軸來看,就可一目瞭然,它們都在解決不同狀況下的經濟問題:

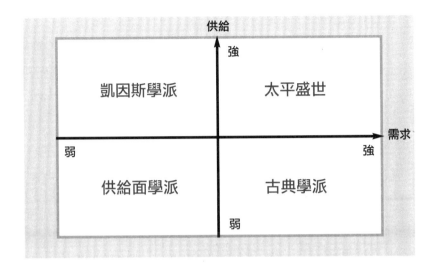

任何問題都要對症下藥，有些蛋頭學者老是把「回歸市場機制」當做解決經濟問題的萬靈丹。若真是這樣，經濟學就不用研究了，經濟學家全該回家吃老米飯。

只挑個股，不看產業

很多人都是看大盤在做股票，看好大盤再選類股，從當時最看好的產業中挑出個股。所謂最看好的產業，其實是強勢股，因為不管一個先前多被看好的產業，一旦類股輪動了，即棄之如敝屣。這是所謂的top down、由上而下的選股模式。

從產業中去挑個股有很大的盲點，因為市場看好是一回事，有無公司會獲利又是另一回事。過去許多產業被寄予厚望，如飛機、DRAM、3G手機，這些產業後來也都如預期成長得很大，

可是在其中賺到錢的公司卻很少。

3G手機，大家還印象深刻吧，去找找之前的研究報告，應該還有些沒被燒掉的。2000年時大家看得很好，而且是全世界都看好，才會讓一堆企業用天價去標購執照，結果呢？2000年到現在一直流行不起來。

我有一位學生在3G手機公司上班，曾展示新手機給我們看，我看了老半天，一直興奮不起來，總覺得現在的手機可以照照相就夠了。我想，那位同學來學巴菲特是很正確的出路。

門檻高的行業，獲利未必好

在《1992年報》中，巴菲特也舉過飛機工業的例子：「**投資人以往將大筆資金投入到國內的航空業，去支持無法獲利或更慘的成長。對這些投資人而言，如果當年萊特兄弟沒有駕著小鷹號起飛，他們現在應該可以過得更富裕。航空產業搞得愈大，這些投資人就愈悽慘。**」不過老巴有時也會心口不一，話很會講，但竟還手賤去買美國航空特別股。

前面曾提過，在巴菲特所買的公司中，涵蓋報紙、製鞋、珠寶、保險、家具等行業，有哪些是前景或潛力很光明偉大的？我還要問問研究員，你們在研究一個產業時，是進入門檻高的好？還是不高的好？

我最愛舉的例子就是，窗簾與面板哪個進入門檻高？市場潛力大？當然是面板，可是過去五年來億豐窗簾的RoE，每年都超過30％，而做面板的獲利卻時好時壞。

這其實不是什麼大道理，去逛逛夜市便知。淡水英專路底有幾

家小吃店很有名，麻油雞、東山鴨頭、鹹水雞，都大排長龍，業績好到我真想幫它們輔導上市。在英專路上跟這幾家小吃店賣同樣東西的攤販有一大串，我也很懷疑麻油雞、東山鴨頭的市場會有多大？尤其在夏天，可是這幾家店天天都客滿，即使大熱天裡也一樣。

因此，我們建議不要挑產業，只要選個股，計算買進價，判定現在的價位是貴或俗。只要bottom up，由下往上的選股。

有人會說，換股操作賺得比較快，這是說來簡單，行之不易的事。抱著鴻海，在過去10年可以賺近10倍，但換股操作的人，有誰在過去10年賺10倍的？

其中的原因是，追強勢股很容易套在高點，因為當一檔股票展現強勢時，都是股價已漲一大段了，才會被市場發現；而且每換股一次，成本即墊高一次，前幾次的成功，終不敵最後的失著。這就跟把贏來的錢一直押注下去一樣的危險。

什麼股漲就去追什麼股，還會亂了既定的投資準則，這就是為何我們總學不會巴菲特神功最主要的原因。股神也講過：「**想要在股市從事波段操作是神做的事，不是人做的事。**」股神都不認為他很神了，我們也不要。

📖 **本章摘要**

◎我一直建議我的學生要寫投資日記，在看行情或買賣股票前，把當時的想法條列式的記下來，事後看看當初所想的與實際相差多少，這對精進投資功力有很大的幫助。

◎效率市場只能解釋股價短期波動的現象，但股價長期的運動是沿著價值線在前進，價值線的方向才是我們應當要關心的。

◎傳統的看法是認為股價反映未來，所以常常在做預估或發表看法（view），可是事後證明，預估或看法的可靠度很差。我現在仍認同股價反映未來，但主張建構一套投資準則來篩選個股，這遠比用預估或看法可靠。

◎影響股價的因素很多，但加以區分其實只有兩類，一是會影響到股票的價值，亦即長期的RoE；另一類雖然它每天見報，也非常複雜，例如利率、匯率、油價……但這些對內在價值卻沒影響，只會牽動股價而已。

◎從產業中去挑個股（top down）有很大的盲點，因為市場看好是一回事，有無公司會獲利又是另一回事。過去許多產業被寄予厚望，如飛機、DRAM、3G手機，可是其中賺到錢的公司卻很少。因此，我們建議不要挑產業，只要選個股，計算買進價，判定現在的價位是貴或俗，只要bottom up，由下往上的選股。

◎有人會說，換股操作賺得比較快，這是說來簡單，行之不易的事。抱著鴻海，在過去10年可以賺近10倍，但換股操作的人，有誰在過去10年賺10倍的？

不要解盤

《1996年報》：
「投資要成功，
只要修好兩門課即可，
即如何評估企業價值與看待市場價格。」

Chapter 9

練憨話，沒影沒跡的話

投資人常常本末倒置，花太多時間在看盤、解盤，對於真正應該下工夫的選股，反而很隨便，都只道聽途說。花時間解盤實在沒必要，因為那是最沒有營養的東西，只是在看圖說話而已，沒有預測價值。

如果沒有這種共識，那請多看電視。財經節目有很多分析師，哪裡是在分析，只是在練憨話，沒影沒跡的話講一大堆。所謂分析，應當是明白交代推理過程，並經得起實例驗證，講一分話要有一分證據，寫過碩士論文的人都知道這個道理。

練憨話：

1. 大盤上攻要看量

2. 5200未破，底部成形

3. 不要追高，逢低承接

沒影沒跡的話：

1. 這支股票籌碼零亂

2. 指標股聯發科不漲，大盤宜保守

3. 2006年指數上看1萬點

4. 技術分析：費氏數列、黃金切割率、道氏1-2-3-4-5波

5. 面板是未來10年最看好的產業

6. 期貨領先現貨

大盤上攻要看量，是一句看似有理的廢話，就像要知道外面有無下雨，要看路上有沒有人在撐傘一樣。我還是菜鳥研究員時，需要向現場客戶解盤，每當我不曉得指數會漲到哪裡時，前輩總會教

我「就說要看量」。原來要看量是分析師看不懂大盤的藉口。

「5200未破，底部成形」，這句話不是把投資人當成瞎子就是傻子。這不是分析，只是在練憨話。

分析師最愛說「不要追高」，這表示他措手不及，股價已經漲一段了；至於「逢低承接」，他給的價位都是隨口說說，不具參考性。「高出低進、波段操作」，這句話是廢話中的經典。

有些經常被分析師引用的理論，實在可笑，根本經不起簡單的質疑。

看指標股來決定買賣就很莫名其妙，說聯發科（2454）不漲，大盤就得保守。我實在不懂我想買中碳，為何要看聯發科會不會漲？而且財經節目要我們觀察的指標股，每天都不一樣。

所謂觀察指標或觀盤重點提示，都是犯了台灣人寫文章常會出現的毛病，即在文章的結尾會突然跑出一句：「某某因素將是影響大盤的重要關鍵，值得密切觀察。」

我也犯過這種錯誤，我在怡富研究部的老外老闆即K過我說，既然某某因素是重要關鍵，那就該對它長篇大論、分析清楚，而且要告訴投資人結論，亦即你的看法，怎麼還要叫投資人自己去觀察。我一直很感謝怡富對我基本面研究紮實的訓練。

均線理論、葛蘭碧八大法則，更不是什麼大道理，只是畫一條界定線而已，在線內就看多，跌到線外就看空，我也搞不懂為何線內線外，就差那一點點，多空看法會差那麼多。

畫一條線沒學問，但用均線就可以唬人，而且還能很優雅的改變看法，不必跟人道歉。月線、季線、年線，結果都像麵線，紛紛被跌破，這時技術派的大師還會講出富有哲理的話「空頭無撐便是

撐，多頭無壓似有壓」，所謂「大師」就是預測錯誤時，還能說出一番禪話來教訓人的人。

說費氏數列可以用來解釋股價漲跌時間的人也很天才，可以角逐諾貝爾獎。說一個波段的下跌在第五天或第八天會出現轉折，結果八天過去了、轉折沒出現，就推說要到第13天，最後在第11天出現反彈，教我技術分析的前輩說，11天也可以，很接近啦！

費氏數列，我在高中就學過，在大學還念過高等微積分，就是不知費氏數列這麼偉大，可以應用在股市上。我建議，大學基測應該把它列入必考範圍。

黃金切割率更玄，0.618、0.382，說股價的回檔會符合這個完美的比例。為什麼？ 我的前輩說那是冥冥之中的定數。後來我比較懂事了，跟前輩也混比較熟了，前輩才低聲的跟我說，所謂0.618即三分之二，0.382是三分之一，說回檔三分之二或三分之一實在太沒學問了，要說黃金切割率才神秘。這…這…這簡直是矓人嘛，哎！

有些東西實在不用兩句話就可以駁倒了，不知為何還會被人捧作寶。「期貨領先現貨」，期貨若真能領先現貨，做股票就簡單了，看期貨報價誰不會？

有些分析師的建議好像鬆緊帶，在7000點叫人持股滿檔，跌到5000點又說持股不要超過三成，全然忘記掛在7000點以上的部分。有些分析師不僅死不認錯，還會訓人，在股市慘跌時還說「大跌大買」，我們家又不是開中央銀行。

以上這些憨話、沒影沒跡的話，實在很容易分辨，我驚訝的是市場上竟然有那麼多人相信，不只是散戶，許多法人也深信不疑。

習以爲常的錯誤觀念

除了「練憨話，沒影沒跡的話」，有些觀念根本是錯的，長久下來卻一直被視爲理所當然。

股價是由少數決定多數

有些人在找不到股價下跌的理由時，總會隨口說籌碼太亂。籌碼零亂就會跌，集中或穩定就易漲嗎？其實不然。即便所有的股票都被你收走了，只剩一張在外流通，而你已無力再收購那一張股票，這時只要投資人不認同股價，每天用跌停板殺那一張，你手上占股本絕大多數的股票也跟著跌停板。所以，一張股票就可以決定所有股票的價值。

國產車即遇到這個問題，它曾爲了護盤而買回大部分的股票，一檔股票最大的股本含融券的25％，總共是125％，國產車買回了大半的股票，最後仍護不住盤，就是因爲每天都有不認同該公司基本面的人放空，讓彈盡援絕的國產車破產。

股價是由少數決定多數，台積電今天成交的3萬張股票，決定了台積電所有股東今天的財富，但3萬張只占台積電2000億元股本的0.15％，所以世界上沒有人護得了盤，主力、金主、公司派與政府都不能。

就是因爲「股價是由少數決定多數」這個道理，所以股票不是零和遊戲，你輸掉的錢並不一定被別人贏走，而是蒸發掉了；若是零和遊戲，那股價再怎麼跌，政府也不必擔心會影響經濟，因社會總財富不變，只是從輸家轉到贏家而已。事實上，期貨才是

零和遊戲，因為期貨合約沒有股本，每口合約都在市場交易，都要當期結算。

一檔股票的籌碼零不零亂，並不是看股票到了誰的手上，不是流到散戶就零亂、被法人收走就穩定，而是要看基本面。只要公司的獲利良好，股價未太貴，籌碼就不零亂。

法人與散戶的投資行為，依我的觀察，法人並沒有比較高明。把外資、國內投信的持股，與代表散戶指標的融資餘額畫出來看，會發現這三者相當一致，都是在低檔時持股低，高檔時拼命買，五十步跟百步的區別而已。

小型股股價比較活潑？

很多人都以為小型股股價比較活潑，這是錯的。只要上雅虎財經網站把Russel 2000（在雅虎網站上的代號是 ^RUT）、那斯達克指數（^IXIC）、道瓊指數（^DJI）、S&P500 （^GSPC） 等四個走勢圖合併叫出來看即一目瞭然。

Russel 2000是由2000檔小型股組成的指數，那斯達克指數代表高科技股，道瓊指數表傳統績優股，S&P500的取樣較全面，可視為美股的大盤指數。

美股4大指數走勢比較

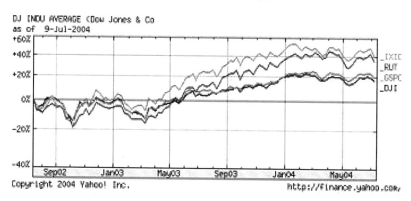

請參見上圖，這四種指數走勢幾乎同步，並無小型股股價比較活潑的現象，其原因正是前面所提的「股價是少數決定多數」，不管股本大小，今天的成交量決定所有股東的財富，所以大型股與小型股的股價波動同步，基本面的好壞才是決定股價的最重要因素，而非股本大小。

報明牌囉！這是哪一檔股票？

接下來，我們玩一個遊戲，絕對會讓你折服。請猜一猜下列五張走勢圖，下一步會往上或往下走？共猜五次。每次上課我也會請同學來猜，五次全對獎金100元。

同學猜得興致盎然，使出他們苦學多年的技術分析，結果沒有人能連續五次都猜對的，猜對四次的已不多，約僅10%，大多只猜對二、三次。有同學怪說圖中無成交量，不好判斷。

　　各位讀者可要好好猜一猜，看看這是哪檔股票的股價走勢圖，這檔股票是我壓軸要報給各位的明牌，是一檔超級大飆股。在猜圖之前，請拿張白紙把以下五個圖先蓋起來，一個一個猜，不要作弊。

　　96之後，往上或往下走？

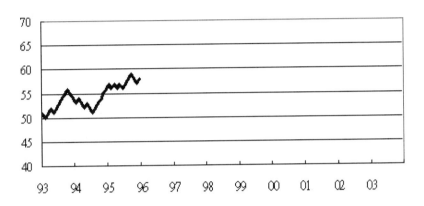

　　96→下。97之後，往上或往下走？

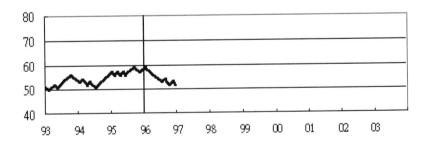

97→下。99之後，往上或往下走？

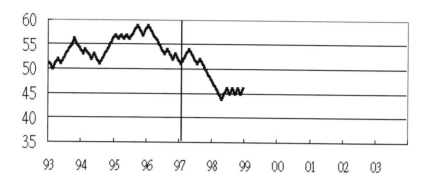

99→下。02之後，往上或往下走？

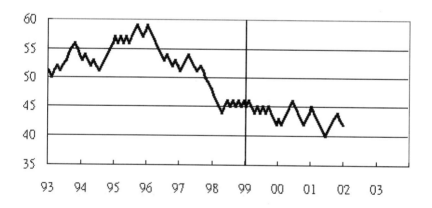

02→上

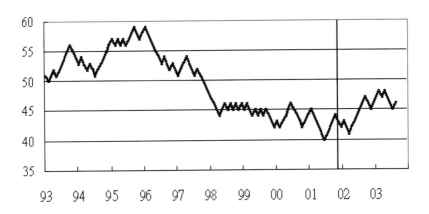

　　答案揭曉，這個圖不是哪檔股票的走勢圖，是我用銅板連丟
100次所畫出來的，以50元起算，出現人頭就加1元，背面就減1
元。因為不是股價走勢圖，當然沒有成交量。

　　這個賤招不是我的發明，是一位美國教授所寫一本投資學的書
上提到的，我只是參考他的方法稍作修改。抱歉，這位教授的大
名與書名我已不記得，因為我看書有看一頁撕一頁的壞習慣，所
以已不可考，或許有讀者知道的請告訴我。

　　這位教授用丟銅板的方式畫出幾張圖，然後請他很會技術分析
的朋友幫他分析，看看這幾檔「股票」未來的趨勢會如何。他的
朋友講得口沫橫飛，還問被他看好的幾張圖是哪支明牌。這位教
授總是故作鎮定、唬弄幾句後離去，因他已快要得內傷、忍俊不
住。我在看同學猜得津津有味時，也有同樣的快感。

　　這就是我對技術分析的感覺，幼稚而沒道理，我在入行當研究

員時也曾學過，當初也頗感興趣，以為學統計的我可以發揮所長，結果很快就摒棄了。

我的學生被我曉以大義之後，我以為他們都已「棄暗投明」，捨棄技術分析，後來班上同學重新聚會，七嘴八舌講著練功的成果。有位同學說，他現在都長期投資、波段操作；又有位同學說，他用巴菲特的準則選股，技術分析的KD值來操作。我一聽當場傻眼，覺得我教的明明是一套太極拳，同學打出來的卻像在跳街舞。

巴菲特在《1992年報》說：「**股市分析師存在的意義，只是讓算命仙覺得好過一點而已。**」這句話讓我一直很難過，原來我過去的工作，在大師眼中竟是完全沒有價值。在一次的併購案中，他的副董事長曼格還對投資銀行給他的研究報告嗤之以鼻，說他寧可付同樣的錢，以求不要再收到報告。

我一直主張，分析師應該要講實話，知道多少講多少，不知道的就坦誠以對，承認不知道，如此反而能得到投資人更大的尊重。我的學生聽到我這樣講，趕忙勸我不要上電視開節目，因為不拍胸脯帶保證，誰理你！

β 值實在毫無道理

不僅不必解盤，太花俏的投資理論也不用學。在《1996年報》，巴菲特說：「**投資要成功，不需要了解什麼是 β 值、效率市場、現代投資組合理論、選擇權定價或新興市場。只要修好兩門課即可，即如何評估企業價值與看待市場價格。**」

　　這段話讓我對巴菲特更加肅然起敬，以前以為他只是個老一輩的人，靠著幾個簡單的投資準則在混而已，想不到他的學問真的很好，對現代投資學的發展也很注意，能提出切中時弊的批評。

　　關於效率市場理論的缺陷，巴菲特在年報曾評論過，我們在前段也講過了，它只能解釋短期現象，無法說明長期趨勢，所以我提出「近視理論」來彌補。

　　Beta值是衡量個股股價相對於大盤的波動幅度。巴菲特對這項理論大加抨擊，在《1993年報》：「**在評估風險時，β值理論學者不願了解這家公司在做什麼，它的競爭對手是誰，負債多少，他們甚至不知公司的名字，只在乎這家公司的歷史股價。**」

　　「**β值理論未去分辨賣寵物玩具、呼拉圈、大富翁或芭比娃娃的公司，所隱含的風險有何不同？**」

　　「**根據β值理論，若一檔股票的股價跌得比大盤更深時，如我們在1973年買進華盛頓郵報那樣，股價跌低後的風險會比在高檔時還大嗎？若某日有人願以超低價把公司賤賣給你時，你是否也會認為風險太高，而加以拒絕？**」

　　「**難道可口可樂、吉列的競爭優勢，在衡量公司風險時沒有加分效果嗎？我們認為這些理論與所謂的β值，實在毫無道理。**」

　　簡言之，主張β值的學者，忽略了質的因素，只顧拿著歷史股價在做統計分析，顯然也是誤信效率市場理論，以為現在股價已反映了所有的訊息。殊不知，人是天生的近視眼，股價常會超漲超跌。

β值只比股價，卻不問基本面

關於 β 值，我也有一些批評：

1. 過去 β 值＞1的股票，未來不一定仍會大於1，它的改變常常
   只因市場的流行而已。以前流行電子，現在興傳產股，都會
   改變 β 值。

2. β 值＜1又如何？有些股票儘管比較溫吞，但長期的投資報酬
   率卻是驚人。例如中碳，我每次向客戶建議它時，一般人的
   第一印象總以為它漲得慢，你們可知，投資中碳在過去10年
   平均每年的報酬率超過35％。

3. 選股究竟該選 β 值＞1領先大盤的，或選＜-1逆勢的？億豐即
   是一檔 β 值＜-1的股票，2000年大盤從1萬點崩盤下來，它
   卻一路漲；2003年大盤從4000點漲到7000點，億豐股價反而
   不太動了；這期間它的淨利平均每年成長40％，2003年成長
   63％最高，股價竟漲得最少，從2000～2004年億豐股價漲了
   三倍半。

4. 如巴菲特所講的，β 值只比股價，卻不問基本面，好公司的
   股價超跌，與壞公司的 β 值＜-1，意義上是截然不同的。好
   股跌深了是強力買進的好時機，爛股再怎麼跌也不可以輕舉
   妄動。

5. β 值的計算可能誤用統計上的迴歸公式。它的算法是根據
   CAPM（資本資產訂價模式）來的：

**個股報酬率＝無風險報酬率＋ β ×（預期市場報酬率－無風險
報酬率）**

這是一條迴歸公式y＝a＋ β x，它要成立的話，誤差項就要遵

循三個基本假定，常態分配、恆常性（變異數為常數）、獨立性，我懷疑CAPM的誤差項符合這三要件。另外，股價的變動還涉及時間變數，這不是迴歸公式可以解決的，應該要借助時間序列才行。

　　抱歉，這一段寫得讓大家想打瞌睡，因為我統計實在學得太混，沒法提出妙喻來解釋。我講過：「一個人書有無讀通，只要看他能不能把所念的東西講懂給完全不會的人聽即可。」我學的統計已完全還給老師了。

📖 本章摘要

◎ 投資人常常本末倒置，花太多時間在看盤、解盤，對於真正應該下工夫的選股，反而很隨便，都只道聽途說。

◎ 哪些是練憨話、沒影沒跡的話：
　1. 大盤上攻要看量
　2. 5200未破，底部成形
　3. 不要追高，逢低承接
　4. 這支股票籌碼零亂
　5. 指標股XXX不漲，大盤宜保守
　6. 2006年指數上看1萬點
　7. 技術分析、費氏數列、黃金切割率、道氏1-2-3-4-5波
　8. 面板是未來10年最看好的產業
　9. 期貨領先現貨
　……
　其實都是廢話。

◎ 股價是由少數決定多數：例如台積電今天成交的3萬張股票，決定了台積電所有股東今天的財富，但3萬張只占台積電2000億元股本的0.15％，所以股價是由少數決定多數，而且世界上沒有人能護得了盤，主力、金主、公司派與政府都不能。

◎一檔股票的籌碼,不是流到散戶就零亂、被法人收走就穩定,而是要看基本面。只要公司的獲利良好,股價未太貴,籌碼就不零亂。

◎我對技術分析的感覺是:幼稚而沒道理,我在當研究員時也曾學過,當初也頗感興趣,以為學統計的我可以發揮所長,結果很快就摒棄了。

◎巴菲特:「投資要成功,不需要了解什麼是β值、效率市場、現代投資組合理論、選擇權定價或新興市場。只要修好兩門課即可,即如何評估企業價值與看待市場價格。」

◎主張β值的學者,忽略了質的因素,只顧拿著歷史股價在做統計分析,顯然也是誤信效率市場理論,以為現在股價已反映了所有的訊息。殊不知,人是天生的近視眼,股價常會超漲超跌。

波克夏投資公司

我相信有一天台灣也會有一家波克夏投資公司出現。

浮存金

浮存金（float）是巴菲特之所以能創造高投資績效的法寶之一，它就是保費淨流入，也就是保費收入扣掉理賠後的剩餘。巴菲特在每年的年報中，都會花大篇幅來論述它的重要性。

浮存金如同散戶的融資，老巴過去40年每年平均22％的投資績效，若扣除浮存金的槓桿效果，將會相形失色很多。只不過跟券商的融資利率相比，波克夏旗下保險公司提供老巴浮存金的利率低很多，通常不到1％，甚至好幾年是負的，這跟券商動輒索取8％的融資利息，與一年到期就要換約一次的規定相比，當然巴菲特很容易有較好的投資績效。

但並不是隨便一家保險公司都能提供低成本的浮存金，要好的保險公司才有，所以不要亂試，因為你還得知道如何經營保險公司才行。

要如何才能像巴菲特一樣，去買一家波克夏，再透過它去收購保險公司，利用它的浮存金？學巴菲特投資理論的人都會問這個問題，我也是。我雖然不知道答案，不過我相信要達到那個境界，得先從學會巴菲特投資理論才行，等到實踐有成，自然水到渠成。

而且在擁有浮存金之後，還是得謹守巴菲特準則，不然將徒增壓力。在《2002年報》，巴菲特說他每年都有新增新台幣2000億元（57億美元）的浮存金，要給他去投資。我一看到這個天文數字，實在怕他會不會被錢壓垮？因為100萬元新台幣，如以千元

紙鈔計算的話，重量是1.4公斤，2000億元新台幣是……歹勢，阮不會算啦！

最氣人的是，老巴還很屌地說：「**我每天都跳著踢躂舞去上班。**」《1999年報》。

我得了巴菲特症

學會一種投資理論，最後會改變一個人的人生觀。根據報導，巴菲特雖然富可敵國，不過他理髮只花20美元，他愛喝可口可樂，也會排隊買漢堡吃，還常去高中同學開的館子，吃丁骨牛排加雙份牛肉丸。

我學不來巴菲特的投資精髓，不過他的生活行為倒是學得三分樣：我剃一個頭只要7美元、愛喝珍珠奶茶，吃阿給也會配一碗魚丸湯。

我凡事都會計算它的價值與衡量所要付出的價格。我不闖紅燈，因為顯然划不來，我買東西都會等便宜再買，買荔枝等到6斤100元才買，而且還專挑落米的，因為可以多便宜20%。

太貴的東西我也不會買，生活變得簡樸。經過台北火車站，我最愛吃的館子是南陽街某家連鎖自助餐店，每次去都要大排長龍。若兩個人去，我會叫10樣菜，擺滿一桌，總價不超過400元。我以前也很愛上五星級飯店，是巴菲特改變了我，當然股市從1萬點崩盤下來也是原因之一。

我不玩純機率、找不出邏輯關係的遊戲。這不曉得是天生的個性使然、年紀大了轉趨保守，或學統計出身的，比較了解機率的運

作，但最可能的應是被巴菲特洗腦成功。年報裡就說：「**在做評估時，要注意可以衡量的確定性**」。

我不買樂透、不愛參加抽獎，甚至去拉斯維加斯玩時，沒玩過任何機器。連只要投25美分的拉霸，都只在旁邊看，因為我覺得那些銅板還不如拿去打水漂兒比較有趣。有人或許會覺得這樣去賭城玩不無聊嗎？其實還好，因為上空秀我倒是看得津津有味。

我也反對發行樂透，因為那是騙人的遊戲。玩家的賭金政府先抽走一半，說是要做公益，大家再去分剩下的一半，怎會有人這麼笨？這是鐵定划不來的遊戲。我常對想不通這個道理的人說，我來做莊好了，就我跟你玩，你是唯一的玩家，我保證你每期都可以中頭彩，但你的賭金我先抽一半，這樣看你願不願意？

這種遊戲，每次先抽走一半資金，玩到最後的結果，很可能會逐漸萎縮，它不是一個產值會增加的產業，一旦沒有新錢加入，例如總體經濟沒改善，就會成為艱困行業。我每次在路上看到賣樂透的殘障同胞生意愈來愈差，我都很難過，這其實不出我所料。

樂透對總體經濟其實也不利，因為會造成遞延消費。50元一注的賭金若用於日常消費，吃一碗滷肉飯加魚丸湯，一下子就花完了，把它集合成頭彩獎金與公益基金，卻要好幾年才能用完，消費速度大幅減緩，對經濟成長是有害的。

我建議，要真正照顧殘障老弱同胞，還不如指定幾項民生必需品，如牙膏或衛生紙讓他們去賣，別的商家都不准賣，這樣應該會好很多。

學統計的我，對電視上竟會有節目每天在算樂透的明牌，也感到訝異，因為樂透號碼的搖出是隨機亂數（random number），所

謂隨機亂數的意思是指無規則可循,既無規則可循,怎麼可能算得出明牌。

學會巴菲特神功之後,你會發現看盤的時間少了,看電視的時間多,甚至連專業報紙也很少看。學會巴菲特理論最大的缺點是,生活愈來愈無聊。

當你有以上症狀,表示你已學會巴菲特神功。

最好的資金管理模式

巴菲特透過波克夏投資公司來成就他的王國。相較於共同基金與代客操作,這可能是管理眾人資金比較好的模式。它不是一般投資公司,而是要具有以下幾點特質:

1. 巴菲特把整個身家財產全押在上面。他個人擁有公司39%的股權,含妻子的3%,共42%。一旦船沈了,船長也綁在一起。這比較讓人相信他不會拿股東的錢去亂搞,因為其中一半是他自己的財產。

2. 波克夏資產的變大,全由投資績效得來,並非像一般基金是因受益人資金的加入。1962年他併購波克夏的第一年,A股的股數為114萬股,到現在只微幅增加到153萬股。在1995年發行B股45萬股,目的也僅在於方便小額投資人認購,因為A股現在的報價一股9萬美元,B股只要3000美元。

3. 巴菲特抱持的是絕對報酬率的投資觀念,一定要等便宜才買。一般基金一拿到受益人的錢就馬上丟進股市,美其名相對報酬率,只在打敗大盤,這實在是很荒謬的觀念,我才不

相信基金經理人的個人理財，也是僅以打敗大盤為樂。

而且，打敗台灣的大盤指數，也不是多了不起的成就，因為台灣的股價指數是把所有股票無論好壞，全依市值加權計算，不像美國道瓊是由33支績優股採樣而成。比較糟糕的是，多數基金還真的常常打不過大盤指數哩。

還有，基金要受益人自己決定買進或贖回的時機，這等於是把最難的一點推給受益人去決定。投資最難的就是買賣點的判斷，若知道4000點進場、7000點出場，買什麼股都會賺，哪還需基金經理人代勞？

要把現行的基金改造成波克夏公司，最可行的方法是，投信的管理費應該以絕對績效為準，有幫投資人賺到錢才能收管理費，不然則分文不收。如此，基金經理人自然會改變投資行為。不過，這樣投信可能馬上會變成艱困行業。

我相信有一天台灣也會有一家波克夏投資公司出現。

巴菲特多次在演講中強調，他的成就是可以模仿的，他的成功並不是出於僥倖，像連續丟出100次正面銅板的猩猩。上過葛拉漢課的同學，很多後來也成為出色的基金經理人。

其中一位叫湯姆（Tom Knapp）的同學，巴菲特說他在上課時，是整天在海灘上玩的小混混，20年後他還在海灘上玩耍，不過他已經是那片海灘的主人，他買下那片海灘。所以我現在也很努力在八里左岸騎腳踏車。

巴菲特的投資績效

最後，我們來欣賞一下大師的投資績效，過去40年每年22％。
只要一年22％，你就可以成為世界首富，有為者亦若是。

波克夏公司的投資績效

單位：YoY%

年	NAV	S&P	相對績效
	(1)	(2)	(1)－(2)
1965	23.8	10.0	13.8
1966	20.3	(11.7)	32.0
1967	11.0	30.9	(19.9)
1968	19.0	11.0	8.0
1969	16.2	(8.4)	24.6
1970	12.0	3.9	8.1
1971	16.4	14.6	1.8
1972	21.7	18.9	2.8
1973	4.7	(14.8)	19.5
1974	5.5	(26.4)	31.9
1975	21.9	37.2	(15.3)
1976	59.3	23.6	35.7
1977	31.9	(7.4)	39.3
1978	24.0	6.4	17.6
1979	35.7	18.2	17.5
1980	19.3	32.3	(13.0)
1981	31.4	(5.0)	36.4
1982	40.0	21.4	18.6
1983	32.3	22.4	9.9
1984	13.6	6.1	7.5
1985	48.2	31.6	16.6
1986	26.1	18.6	7.5
1987	19.5	5.1	14.4
1988	20.1	16.6	3.5
1989	44.4	31.7	12.7
1990	7.4	(3.1)	10.5
1991	39.6	30.5	9.1
1992	20.3	7.6	12.7
1993	14.3	10.1	4.2

單位：YoY%

年	NAV	S&P	相對績效
	(1)	(2)	(1)－(2)
1994	13.9	1.3	12.6
1995	43.1	37.6	5.5
1996	31.8	23.0	8.8
1997	34.1	33.4	0.7
1998	48.3	28.6	19.7
1999	0.5	21.0	(20.5)
2000	6.5	(9.1)	15.6
2001	(6.2)	(11.9)	5.7
2002	10.0	(22.1)	32.1
2003	21.0	28.7	(7.7)
年平均（1965～2003） 22.2		10.4	11.8
總計（1964～2003） 259,485		4,743	

註：從1979年開始，會計原則規定保險公司的股權投資，須採市價法而非原先的成本與市價孰低法，本表中1978年以前的資料，已依該原則重新調整。

說明：

1. 波克夏是投資公司，其獲利主要包括被併購公司營業利益與股票買賣。目前巴菲特的投資70%以併購為主，股票買賣30%。

2. 在1964～2003的40年中，只有五年被大盤打敗，分別是1967、1975、1980、1999、2003年。

3. 1966、1973、1974、1990、2002年股市大跌，老巴仍然賺錢，真厲害。

4. 僅911事件那年（2001年），因旗下保險公司需支付鉅額理賠而發生虧損。

5. 過去40年，每年平均報酬率22%。22%即可造就一位世界首富，相較之下台灣信用卡20%的循環利率就卡好賺；我們也恭喜這些發卡公司的老闆，未來都可以成為首富，因

為吸持卡人的血，比投資容易多了。

6. 40年來淨值成長了2595倍，波克夏股價則上漲了1萬多倍，
由8美元漲到9萬美元。

 本章摘要

◎浮存金（float）就是保費淨流入：保費收入扣掉理賠後的
剩餘。它是巴菲特能創造高投資績效的法寶之一。

◎老巴過去40年每年平均22％的投資績效，若扣除浮存金的
槓桿效果，將相形失色很多。不過跟券商的融資利率相
比，波克夏旗下保險公司提供老巴浮存金的利率低很多，
通常不到1％，甚至好幾年是負的，這比券商動輒索取8％
的融資利息，與每年換約一次的規定相比，當然巴菲特很
容易有較好的投資績效。

◎學會一種投資理論，最後會改變一個人的人生觀。我學不
來巴菲特的投資精髓，不過他的生活行為倒是學得三分
樣。現在我凡事都會計算它的價值與衡量所要付出的價
格；太貴的東西我不會買，生活變得簡樸；我不玩純機
率、找不出邏輯關係的遊戲，例如樂透。

◎巴菲特透過波克夏投資公司來成就他的王國，相較於共同
基金與代客操作，這可能是管理眾人資金比較好的模式。

◎波克夏公司過去40年，每年平均報酬率22％。只要一年22
％，你就可以成為世界首富，有為者亦若是。

巴菲特班的同學們

在本書最後，我要感謝在大學推廣部的同學，感謝他們對課程的熱烈反應，實在超乎預期。

我一直認為我才是巴菲特班最大的受益者，為了準備這門課，我重讀了一遍《波克夏年報》與一本投資學課本。在編纂講義的過程中，想過每一個細節，就這樣慢慢想通很多投資觀念。之後歷經授課的教學相長，又給我新的啟發。

同學提的問題都很有水準，例如宗域問RoE和RoA在合併報表上是否會被稀釋？奕銘問費雪、葛拉漢與巴菲特的投資觀點有何不同？志堅以他在電子業的經驗，告訴我們公司接到大訂單的流程。昌誠問在股票信託盛行下，將如何觀察董監持股？淑惠姊更報我明牌，而我也真的買了，她報的牌都很犀利。

最重要的是，我們都變成了好朋友，還常常用E-mail連絡，每天打開信箱，充滿了樂趣。

我們還不定期聚會，交換投資心得。從2003年10月第一期上課以來，已開過兩次同學會，一次在2004年2月，當時指數在7000點；第二次在同年8月，指數在5300點，好像都是大盤的轉折點，這可能將是一項判斷股市高低點的重要指標。

以下是幾篇同學在Email上的討論文章，比我寫的書還精彩。

-----Original Message-----

From: mikeon

Sent: Saturday, August 14, 2004 12:42 PM

To: 同學

Subject: 813同學會討論內容紀要

　　感謝同學踴躍參加813同學會，我覺得受益匪淺，這是一個很成功的聚會，氣氛輕鬆，發問與討論很積極。

　　錦鵬大哥以他在業界10多年的經驗，告訴我們大姆哥、flash卡、記憶卡的市場狀況，讓我們對勁永、創見有更深的體會，也解除我的疑惑。錦鵬說，大姆哥這幾年市場快速成長，所以不像晶片會有景氣循環，不過未來一旦市場飽和了，可能也會面臨景氣循環。

　　另外，錦鵬對第四季電子業的景氣也很樂觀，他認為目前的電腦庫存在第三季即可消化殆盡，因為1999年那時大量換機的電腦到今年又要換新。

　　柏嵐以他在手機業的經驗，預言Combo Card的新市場會興起，我們未來可得仔細觀察。

　　慧青問到期貨、選擇權，奕銘問到低本益比時代，何之宜先生問到富爾特、台鹽，志堅說他最看好星巴克（我也愛喝它的焦糖瑪其朵咖啡）。

　　歹勢，只能簡單記錄，因為要詳細記載，會讓我打到手抽筋，內容太豐富了，還是請同學以後要親自參加才能學到更多。

　　三不五時舉行同學會是很有用的，因為我發現之前教給各位的巴菲特理論，同學並未切實去練。教你們不要預測，大家卻還很關心

未來的趨勢，同學對於巴菲特理論似乎仍停留在「眼」的階段，尚未達到「頭」，更何況是「手」。

任何同學在未來都有權利要求召開同學會，只要獲得五人以上的報名即可，而且請發起人要先想好聚會的餐廳，等名單確定之後負責訂位，降我們才能嚐盡各地美食。

覺得收穫很多的Michael

-----Original Message-----

From: 謝志堅

Sent: Monday, August 16, 2004 11:19 PM

To: 同學

Subject: RE: 813同學會討論內容紀要

Dear Michael and 學長姐們：

真高興有上周五的同學會，小弟從各位前輩身上學到許多，美食、同好、經驗談，謝謝大家了！

老師認為我們還是說了太多未來的事情，這個嘛，我還是喜歡過去優秀、且以後也有前瞻性的公司，也就是應該會考上台大，且讀書很有方法，以後也很可能考上台大研究所的學生。再說，股票市場若沒有夢和故事，只有買進價和過去五年的表現，似乎也略顯無趣。當然啦，並非要去投資夢幻產業啦，我手上也沒有什麼兩兆雙

星的股票哩，多了解總是好嘛。

我對Memory通路股真是不熟，那天聽錦鵬大哥一番解說，終於比較清楚了，果然還是要了解景氣循環才抓得到買賣點，循環中還有不同步的循環喔，好在我沒有衝動就殺進去。呼呼，好險～～謝謝同學會～～。

會中一位大哥（對不起，忘了您的大名，真是失敬）將網路上大家討論的文章列印成冊。果然，投資成功的人就是不一樣，我要多學習了。

慧青姐姐也提醒了我們融資融券的「重力加速度」，謝謝，我還是不要去把融資戶打開了。坐在我左邊的何大哥，是少數我看到點海南雞卻堅持不吃「雞皮」的人，難怪年紀一把了看起來還這麼勇健。乾誌哥讓我們知道母公司是如何養子公司的。哼哼，這樣大老闆就騙不到我們了，這些子公司的競爭力要打折扣。我要是有柏嵐哥對科技的一半了解，電腦就不會一直當機找我麻煩了。對了，要趕快來去辦亞太3G才行，柏嵐哥的公司也是要支持一下。

當然不能忘了Michael桑啊，小弟搶先看了「未來暢銷書的序」，講義寫得這麼屌（好學生），書一定會很暢銷（考台大）。

上週五才說高點量的1/10就是底部量。呵呵，今天就來個270億，難道「不預測」的同學會具備氣象預報功能？不思議啊～～

參加同學會的前晚，我整理了半年來投資所犯的錯誤，幾個心得提出來給大家當笑話：

1. 違反原則：相信大家投資都有自己所謂的「原則」，我也有，可是有時還是會「無意間」違背，結果往往是慘不忍睹。尤其是道聽途說（新聞、小報）的投資最慘，不但沒研究過，

連自己買的點是高是低都不知道,行情一波動就呆掉了。勸大家,做人還是有原則的好。

2. 裝聾作啞:股價雖不見得能說明一切,但還是代表市場對這間公司的看法。當股價連番下跌,在您準備加碼攤平之前,請先看看是什麼原因造成下跌,萬一愈攤愈平,就得花更多時間來平反。別忽略基本面的細微變化,如毛利下滑、負債攀升、存貨大增等都是警訊,除非很確定不會繼續惡化下去,才進場加碼。

3. 錯誤歸類:唉,這就要怪太晚才上過Michael的課了,錯把景氣循環股當績優股來玩,誰叫報紙都說那些大公司是績優股、企業模範生?要用RoE來計算景氣循環的買進價,簡直是天方夜譚,往往要加個幾個%,才能算出比較可能的買進價,而這個動作往往也帶來災難了。

4. 熱門產業:熱門產業中的熱門股往往股價傲人,有時為了擁有這張股票(怕沒賺到波段),自行調高買進價,沒想到夢想還沒成真就幻滅了。像去年到今年初的LED漲幅超大,全球一面看好,結果業績不如預期,我也套了10%之後才認賠。那天錦鵬大哥說的好:「人多的地方不要去」,小弟謹遵教誨!

5. 競價型產業:老巴喜歡壟斷性企業,他說競價的常勝軍也是一種壟斷,可以把對手都逼出市場。可是這種公司在台灣畢竟不多,除了鴻海一直打勝仗之外(對手還是不少),其他的競價型產業還是在彼此流血競爭的階段,毛利下滑快速。如那天聊到的NB、MB、數位相機、光碟機等,我覺得還是不要輕信某家公司可以在利潤率持續下滑的產業中勝出的說法,

等他真的贏了再說吧！

6. RoE高檔下滑：RoE自高檔下滑時，本益比修正的速度會很快，儘管RoE可能還是在20％以上，但本益比可是動不動就被殺到10倍以下，相當嚇人，像瑞昱、佳必琪、網龍等等。所以Michael說要投資RoE穩定或是上升的股票，不穩的和下滑的都不要碰，所言甚是！

7. 有前科的：有過不良紀錄的公司最好別碰，倒不是說不給人改過自新的機會，而是市場可能會給予「長期冷凍」的投資評等，一朝被蛇咬，十年怕草繩。

   而且我發現有些公司還是慣犯，這些紀錄舉凡作假帳、坑殺投資人、屢次達不到財測、愛膨風、老愛搞轉投資、子公司族繁不及備載、盈餘多來自業外、大股東愛玩股票、先調高又調降財測的公司，這些流言市場上常聽到，多半都有真實性（壞事傳千里）。上市櫃有上千支股票，不一定要去碰這些，小心黑馬變成烏鴉。

8. 一意孤行：心中只要對某公司有一絲疑慮，就不該投資。Michael說得好，不要拿錢來開玩笑，更不該沒研究就投資，那跟買樂透沒兩樣，中獎機率微乎其微。

總而言之，就是因為貪，動搖了對原則的堅持，老怕沒賺到，結果還真的虧到了！

聚會時我有提到一個觀點：稅前RoE vs.稅後RoE。那天Michael給我的答案是不用去管稅前RoE，因為股東拿到的錢是扣稅後的錢。可是，我做的研究中發現不同的稅率對企業獲利的影響非常大，許多電子業因適用投資抵減條例而獲得低稅率，慢慢的一些傳產公司

也可因成立「營運中心」而獲得減稅。

我的看法是，這些公司的實際獲利能力會被高估，未來要給我們這些股東的錢高一點沒關係，可是計算買進價的時候，我覺得應該扣除因減稅而多賺的錢，才是安全。

其實我要說的很簡單，如果一個考生是因為特殊考生（例如風災）的身分而被加分，那他實際的程度究竟是加分前還是加分後呢？舉例：ABCDEF六家公司的淨值、股東權益、稅前盈餘都相同，我們看看不同的稅率，對這些公司買進價的影響：

	A公司	B公司	C公司	D公司	E公司	F公司
淨值（元）	20	20	20	20	20	20
股東權益（億元）	50	50	50	50	50	50
稅前盈餘（億元）	10	10	10	10	10	10
實質稅率	25%	20%	15%	10%	5%	0%
稅後淨利（億元）	7.5	8	8.5	9	9.5	10
稅前RoE	20%	20%	20%	20%	20%	20%
稅後RoE	15%	16%	17%	18%	19%	20%
買進價（稅後）	36	38.4	40.8	43.2	45.6	48

由上表可見，稅後淨利因稅率不同而天差地別，稅後RoE也就不同，更重要的是，買進價居然有高達12元的差距，不可謂不大啊！

而這些稅率的差距，在上市櫃公司裡是很容易看到的，像億豐過去五年的平均稅率是23%（因為1999年只有特低2.5%），而鴻海則是13%，智冠過去五年平均稅率只有3%。

　　雖然電子業往往可以享有較多的減稅方案，可是這些政策畢竟不是永久的，這些錢也不是本業賺的，若我們以過去五年的稅後RoE，計算一個稅率只有10％的公司的買進價，萬一隔年開始它就要回復原始稅率，那RoE就要立刻下降啦，我們等於是買貴了。目前稅率10％以下的電子公司比比皆是，傳產公司中也有很多開始低於20％，這的確會影響到買進價的計算。

　　所以我覺得，在計算的時候應該以稅前來計算（審核從嚴），以後賺給我們的錢就以稅後來算囉（多賺就算福氣），而計算公式可用：買進價＝淨值×稅前RoE×9～10倍，為何用9～10倍，因為9倍是以25％標準稅率計算，但目前來看，20％算是一個比較合理的數字，減稅方案太多，所以我建議以10做為倍數，計算之後會得到下表：

	A公司	B公司	C公司	D公司	E公司	F公司
稅前RoE	20%	20%	20%	20%	20%	20%
稅後RoE	15%	16%	17%	18%	19%	20%
買進價（稅後）	36	38.4	40.8	43.2	45.6	48
買進價（稅前）	40	40	40	40	40	40

　　若把倍數調成9，則買進價就會一律變成36，若以10來計算，雖會稍高於原本以稅率25％計算的36元，可是不會有差距，不會被低稅率騙去了。

　　Sorry，上面說了很多數字，無意搞混，只是想驗證一下罷了。

　　以上提供給大家參考

祝大家事事順利

最近老說錯話的謝志堅

-----Original Message-----

From: 傅宗域

Sent: Sunday, August 15, 2004 12:46 AM

To: 同學

Subject: Re: 813同學會討論內容紀要

Dear：

　　因工作緣故無法參加，非常可惜，看了老師的紀要後，與老師有相同的感想，大夥還是預測某支股票的未來如何？是否有新產品？是否有新計畫等？似乎都與巴菲特的選股精髓相去甚遠，其實真正的重點還是RoE。

　　自己研讀《勝券在握》有六年，但都無法理解其計算的方法，直至上完老師的課及讀完瑪麗巴菲特所寫的兩本書後，才真正體會與了解巴菲特的選股主要重點為何，因此我已深信不疑了。

　　在上千支台股中，其實符合巴菲特的僅約20支左右，與老師所舉的例子雷同，所以我可以體會與了解，老師為何一年僅有操作兩次的考量了。

　　在老師的紀要中，錦鵬介紹一些記憶卡的市場狀況，我同意現在

的分析及狀況，但這些廠商賺錢時，其他廠商會跟進，一旦有競爭者出現後，價格一定會跌跌不休，所以這些廠商頂多兩三年好光景，沒有辦法持續五或十年以上的穩定獲利，至少市場上還有宇瞻（Apacer）也在競奪此市場。

而第四季的景氣，我曾提出過，與電子零組件廠商的業務打交道，就可以了解是如何？以目前我工作接觸的廠商看，被動元件二線廠是乎變淡的，而電子業中的主要元件 PCB，似乎沒有特別突出的需求量。因此我個人認為不會有預期中的大好，可能僅有一般第四季的傳統旺季。

無論景氣如何，都不影響選股的原則，只有價格合理時，才是考慮介入的時機。電子股我個人認為都是景氣循環股，並不符合巴菲特高而持久的RoE原則，因為它們競爭太激烈了，無法維持永遠的優先。

無論大夥是以巴菲特股或景氣循環股來操作，購入價永遠影響報酬率，如鴻海目前120元左右，EPS 約有9元，如果以100元購入，則第一年報酬率約9％；如果是以70元購入，則第一年報酬率約12.8％；如果50元購入則約18％；10元購入則約90％，所以購入價格會決定報酬率，也就是老師所說：「一定要在股市颱風出現時，才要購入。」

目前我已將以往所有的股票賣出，全心全意等所選股票的合理價位出現時才會購入，以上是我個人心得及操作方法。Tks.

Best Regards

傅宗域

附錄1： 《波克夏年報》摘要
附錄2：我的入圍名單

Appendix

附錄1：《波克夏年報》摘要

說明：

學投資就像在練功夫，高人指點只是節省從「眼」到「頭」理解的時間，從「頭」到「手」的實作，還須靠自己苦練。

練功要邊練邊看秘笈，才能調好架勢，光看我所整理的重點還不夠，一定要念幾篇巴菲特寫的原文，才能真正體會。

《波克夏年報》雖饒富智慧與趣味，對初學者卻略嫌冗長。我特地摘錄其中精華，列於最後做為壓軸，讓你在聽完我的介紹之後，自己走進教室去領會大師風采。

你再怎麼忙也務必再三參詳。

《波克夏年報》未念過三遍之前，千萬不要去做投資。

完整的《波克夏年報》漢文翻譯：http://algerco.net/

《1985年報》

我把內布拉斯加家具店、喜斯糖果店與《水牛城新聞報》擺在一起談，是因這幾家公司的競爭優勢與產業前景，和我一年前報告的差不多。

簡短的敘述不意味它們的重要性有所降低，1985年合計稅前盈餘為7200萬美元，15年前我買下它們時是800萬美元，從800萬元到7200萬元，看來驚人，事實上也是如此。但不要以為原來就是這樣，需先確定當年的基期是否特別低，另外也要考慮增加獲利所需再投入的資金有多少。

關於這兩點，這三家公司的表現都相當出眾，第一，15年前它們的獲利基期即頗高。第二，雖然每年增加了6400多萬元的盈餘，額外投入的資金卻只有4000萬美元而已。

公司投入少量資金便能大幅提高盈餘，這種品牌商譽在高通膨時代更能發揮效力（詳見《1983年報》）。**這項財務優勢讓我們可以將它們所賺到的錢，運用在別的用途上。**

一般的美國公司便非如此，想要提高獲利常要再投入大筆的資金，平均每投入5元才能增加1元的盈餘，等於要額外投入3億美元，才能達到我們這三家公司的獲利水準。

當投資報酬率平平時，用利滾利的賺錢方式就不是什麼多好的管理成就，坐在搖椅上納涼也可做到同樣的成績，就像把銀行戶

頭裡的錢增加四倍，即可以賺到四倍的利息一樣，是不該得到掌聲的。我們常在資深經理人的退休儀式上歌頌他的成就，**卻不去檢驗他的成績是否是因每年保留盈餘與複利所產生的結果。**

如果那家公司只增加一點資金，就能持續維持高的投資報酬率，則他所得到的掌聲還算名符其實。但若報酬率很差、或根本是用更多的資金所拱出來的結果，那就該把讚賞收回，**因只要把銀行所給的8％利息繼續存著，18年後利息也能加倍。**

這麼簡單的算術問題，常被公司忽略而傷害到股東的權益。許多公司大方的獎勵經理人，只因公司盈餘的增加，多半是因保留盈餘再投入的結果而已。例如若干發行10年固定價格認股權的公司，它們所配給股東的股息通常不高。

有一個例子可以用來說明這種不平。假設有年利率8％的定存10萬元交付信託來保管，由信託人決定每年要領多少利息出來，未領的利息則繼續存在銀行利滾利，再假設這位聰明的信託人將實領利息的比例定為四分之一，10年之後存戶會得到多少？

10年後戶頭會有17萬9084元，每年所賺的利息從8000元增加到1萬3515元，實領的利息也從2000元增加到3378元，每年信託人交出來的報告，圖表中每一項數字都是一路上揚。

再進一步假設，信託契約給予信託人10年固定價格認股權，將會發現信託人會大賺一筆，只因儘量壓低每年的配息率而已。

不要以為這個例子與你無關，許多經理人坐享高薪，只因盈餘的累積而非將公司管理得當，10個月我都覺得太長，更何況是長

達10年以上的認股權。

《1987年報》Part1

在1987年，我們旗下的公司沒有新的變動可以報告。不過沒有消息就是好消息，太多的變化並不一定會有較好的結果，這個看法與多數人可能不同。

投資人常給予愛畫大餅的公司過高的評價，完全不顧事實，而一昧幻想未來。對愛作夢的投資人而言，路邊的野花都會比鄰家的女孩具吸引力，而不管野花長得如何。

經驗顯示，高獲利公司的業務型態，現在與5年或10年前通常沒有太大的差別，當然其間持續在改善產品、服務、製造能力等。但如果是不斷的改變，犯錯的機會反而會增加。在動盪不已的土地上，無法建構堅固的城堡，穩定才是創造高獲利的關鍵。

《財星》雜誌的研究可以證明我的論點。1977～1986年，在1000家企業中僅25家能連續10年平均RoE達到25％以上，而且沒有一年低於15％。這些績優股同時也是投資人追逐的焦點，25家中有24家的股價表現，超越S&P500指數。

這些績優股有兩點會讓人訝異，第一，他們所運用的財務槓桿相對於本身支付利息的能力極其有限，一家好公司是不須舉債

的。第二，在這25家企業中，除一家是高科技，幾家製藥公司外，大部分是傳統產業，現在所銷售的產品或服務與10年前差不多，雖然銷售額比以前多很多。記錄顯示，善用現有的產業地位、專注在單一產品，才是創造高獲利的不二法門。

我們在波克夏的經驗也是如此。我們的經理人之所以能創造優異的成績，所從事的業務其實相當的平凡，但都能全力把事情做好。他們積極控制成本，在現有的優勢上尋找新產品與市場，他們不受外界誘惑，工作勤奮且細心，成績當然是有目共睹。

《1987年報》Part2

班哲明 · 葛拉漢是我的老師與好友，很久以前講過一段有關因應市場波動的談話，是對投資最有用的一席話。他說投資人應該將股價的波動想像成一位市場先生每天向你報價。他像是一位合夥人（洪註：把市場先生想成推銷員，你會更容易了解），每天都會出現向你報到，要買下你的股份或將股票賣給你。

即便你們所共同擁有的公司基本面變化不大，市場先生每天都會提出報價。他的情緒很不穩定，高興時只看到企業好的一面，常會提出一個很高的價格，以避免他的股份被你買走；但當他覺得鬱卒時，所看到的盡是負面，這時他會提出一個非常低的報

價，因怕你將持股倒貨給他。

市場先生有一個可愛的特質，他不在乎受到冷落，若今天的報價引不起你的興趣，隔天還會再來重新出價，要買或賣悉聽尊便，所以他的舉止愈失當，你愈能得到好處。

但就像灰姑娘參加化妝舞會一樣，必須注意午夜前的鐘聲，否則馬車很快就會變成南瓜。市場先生是來服侍你的，千萬不要被他牽著鼻子走，要利用的是他飽滿的口袋，而不是空空的腦袋。

如果他有一天出現在你面前，可以選擇不理或好好加以利用，若受到他的影響，下場將會很慘。**如果不能比市場先生更了解企業的價值，最好不要玩這場遊戲，就像打橋牌一樣，若無法在30分鐘內看出誰是肉腳，那麼那個肉腳很可能就是你！**

葛拉漢的市場先生理論在現今或許有些過時，尤其是當許多專家正大談市場效率理論、動態避險與β值等現代投資組合理論之時。這些以提供投資建議為業的專家，當然會對所謂現代投資組合理論感到興趣，因它的神秘外衣正可用來唬弄客戶，就像醫生不會光靠「吃兩顆阿斯匹寧」這類簡單的建議而致富一樣。

深奧的投資理論對投資人而言，就不是這麼一回事了。依我個人的看法，投資要成功不是靠艱深難懂的公式、電腦程式或行情板上股價上下的跳動，而是要靠好的商業判斷，避免自己的思考與行為受到市場行情的影響。

以我個人的經驗來說，要能夠獨立判斷，**最好的方法就是將葛拉漢的市場先生理論牢記在心。遵循葛拉漢的教誨，查理跟我注**

重的是投資組合本身的基本面，以此來判斷投資是否成功，而非
每天或每年的股價變化，短期間市場可能會忽略一支績優股，但
最後終將還予公道。

就像葛拉漢所說的：「短期而言，股票市場是一部投票機，但
長期來說，它卻是一台體重器。」一家好公司是否很快地就被發
掘並不重要，重點是它的內在價值能夠穩定地成長。愈晚被發現
也有好處：可以讓我們有機會以便宜的價格買進更多的股份。

《1992年報》

或許有人會問，如何決定價格夠不夠便宜呢？在回答這個問題
時，多數的分析師通常都會把股票分類成「價值型」與「成長
型」，還經常交互運用，就像換穿衣服一樣。

這是一種不明究裡的分法（我承認，多年前我也曾採用這種方
法）。**「價值型」與「成長型」同為一體，成長只是計算公司價值
的一項因素**，它的重要性可以從很小到極大，影響可能是正面，
也可能是負面。

所謂的「價值投資」根本就是一句廢話，如果所換得的價值不
大於付出的成本，那還算是投資嗎？付出高昂的代價卻只寄望短
期內以更高的價格賣出，這其實是投機的行為。（即便它不違

法，也非違反道德，但充其量只是冤大頭罷了）。

　　無論適當與否，「價值投資」這個名詞如今已被廣泛引用，指以用較低的股價淨值比、本益比或高股息收益率買進投資標的。可是就算兼具以上所有的特點，也不一定表示是按照企業評價的原則在進行投資。相反地，以較高的股價淨值比、本益比或低的股息收益率來投資，亦非表示是沒有「價值」的投資。

　　同樣的，成長不一定代表價值。成長通常對價值有正面的影響，有時還頗具重要性，但這種關係並非絕對。例如投資人以往將大筆資金投入到國內的航空業，去支持無法獲利或更慘的成長。對這些投資人而言，如果當年萊特兄弟沒有駕著小鷹號起飛，他們現在應該可以過得更富裕。航空產業搞得愈大，這些投資人就愈悽慘。

　　成長只有當企業將錢投入到可以增加更高獲利的活動上，投資人才有可能受益。換言之，只有當投入的每一塊錢，可以在未來創造超過一塊錢的價值時，成長才有益處。至於那些需要資金但卻只能產出低報酬的公司，成長對於投資人來說反而有害。

　　在John Burr Williams於50年前所寫的《投資價值理論》中，提出計算企業價值的公式，簡述如下：任何股票、債券或企業今天的價值，是其未來各年度現金淨流入折現值的加總。

　　這個公式對於股票與債券皆適用，不過有一點重要的差異，即債券有息票與到期日，可以清楚定義未來各年度的現金流量，投資股票則必須自己去預估將來可能的股息。而且經營階層的好壞

對於債券的影響有限，頂多只是延遲債息的發放，相反的，公司派的無能或缺乏誠信，對股票股息的發放，卻有決定性的影響。

根據現金流量折現公式的計算，投資人應該選擇價位最便宜的去投資，不論營收成長與否或盈餘變化的幅度，以及本益比、股價淨值比的高低。雖然投資股票所算出來的價值往往比債券要來得高，但這非必然，若當債券所算出來的價值高於股票，則投資人應該買債券。

先不論價格高低，最值得擁有的企業，是那種長期可以把資金運用在較高報酬投資上的公司，反之則不值得投資。不過，前者往往可遇不可求，泰半不需要太多的資金，這類企業的股東，常會因為公司配發大量的股息或買回庫藏股而受惠。

雖然股票評價的公式不難，但即使是一個聰明有經驗的分析師，在預估來年股息時也會出錯。在波克夏我們採用兩種方法來解決這個難題，**首先我們專注在自認為了解的產業上，亦即它們必須是簡單且穩定。**如果企業很複雜也一直在變，我們實在不夠聰明去預測其未來的現金流量。

不過這個缺點不曾困擾我們。**就投資而言，投資人應該注意的，不是他知道多少，而是他不知道什麼。投資人不須花太多時間去做對的事，只要盡量避免犯重大的錯誤。**

第二點一樣很重要，即我們在買股票時堅持保持安全邊距。若所計算出來的價值只比其價格高一些，我們不會考慮買進。**我們相信恩師葛拉漢十分強調的安全邊距原則，是投資成功最重要的因素。**

《1993年報》

　　查理跟我老早以前便了解，在一個人的投資生涯中，要做出上百個聰明的決策是很辛苦的事。這項體認隨著波克夏規模的擴大而益發明顯，而且市場上可以大幅影響我們投資績效的案子也愈來愈少。

　　因此我們採用一項策略，只要求自己在少數時候夠聰明就好，而不用每次都要非常的聰明，事實上我們現在只要求，每年搞定一次好的投資案就好（查理提醒，今年該輪到我）。

　　我們並未採取分散風險的策略，可能有人會說這樣會比傳統的投資風險要高很多，這點我們並不認同。我們反而相信集中持股一樣可以大幅降低風險，只要在買進股票前，能夠對企業的基本面能充分了解就可。我們對風險的定義與字典裡的一致，是指損失或受傷的可能性。

　　學術界喜歡對投資風險下不同的定義，指股價相較於大盤的波動幅度。這些學者運用資料庫與統計方法，計算出一支股票精確的 β 值，以此建立一套艱深難懂的投資與資金分配理論。但是為找出衡量風險的單一統計值，他們竟忘了一項基本的原則：「寧可大概對，也不要完全錯。」

　　對於企業的擁有者來說，這「擁有者」也是我們認為股票族應有的態度。學界對於風險的定義實在荒謬。舉例而言，根據 β 值

理論，若一支股票的股價跌得比大盤更深時，如我們在1973年買進《華盛頓郵報》那樣，股價跌低後的風險會比在高檔時還大嗎？若某日有人願以超低價把公司賤賣給你時，你是否也會認為風險太高，而加以拒絕？

真正的投資人是歡迎股價波動的。班哲明‧葛拉漢在《智慧型投資人》一書的第八章講過，他用了一個市場先生的比喻。市場先生每天都會出現，你可以向他買進或賣出持股。只要他一恐慌，機會就愈大，因為市場波動的幅度愈大，好公司就會變得愈便宜。我實在難以置信這種低價的機會竟會被視為不好，投資人應該無視於市場先生的存在，甚至好好利用他的愚蠢。

在評估風險時，β值理論學者不願了解這家公司在做什麼，它的競爭對手是誰、負債多少，他們甚至不知公司的名字，只在乎這家公司的歷史股價。相反地，我們不管公司過去的股價，只希望能得到這家公司的基本面資訊。

在買進股份之後，我們不會在意股票市場是否會關閉一到兩年。我們不需要持股100％的喜斯糖果或布朗鞋業每天的報價，來證明我們的股權是否存在，同樣地我們也不需要持有7％可口可樂的報價。

投資人應該注意的真正風險，是在其想持有的期間內所收到稅後淨利的總和（包含持股最後的賣出價），加上合理利率的折現，能否保有原先投資時的購買力。這樣的評估雖然無法做到像工程般精確，但至少可以做到明確判別的程度。

在做評估時，主要的考慮因素有下列幾點：

1. 這家公司長期不變的好公司特質**可以衡量的確定性**

2. 經營階層發揮公司潛能，與有效運用現金**可以衡量的確定性**

3. 經營階層將企業獲利回報給股東，而非中飽私囊**可以衡量的確定性**

4. 買進這家企業的價格

5. 投資人的淨購買力，即扣除稅負與通貨膨脹後的部分

這五點因素可能會讓許多分析師摸不著頭緒，因為它們無法從現有的資料庫中找到，可是量化這些確定性的難度，並不表示它們就不重要或無法克服。

就像史德華法官說他無法找到何謂猥褻的標準，不過他還是堅稱「只要我一看到就知道是不是」，同樣地對投資人而言，也可用不太精確卻有效的方法，辨別投資風險，而不須靠複雜的公式或歷史股價。

長期而言，可口可樂與吉列的產業風險，要比電腦公司或通路商小得多，要下這樣的結論有那麼難嗎？**可口可樂占全世界飲料銷售量的44％，吉列則擁有60％的刮鬍刀市場。除了稱霸口香糖的箭牌公司外，我不知道還有誰像它們一樣，長期享有領先世界的競爭力。**

而且，可口可樂與吉列的市占率近年更加增進，品牌知名度、產品特性與銷售通路的優勢，讓它們擁有強大的競爭力，得以建起護城河來保衛其經營城堡；相反的，普通公司卻要去打毫無防

衛的仗。**就像是彼得‧林區所說：只會銷售廉價商品的公司，應該在其股票上加印警語「競爭可能有害於人類的財富」。**

可口可樂與吉列的競爭力在產業分析師眼中是很明顯的，但它的β值卻與一般平庸、無競爭力的公司相似，難道可口可樂與吉列的競爭優勢，在衡量公司風險時沒有加分效果嗎？或是說只想買幾張股票，可以不管公司長期的營運風險？我們認為這些理論與所謂的β值，實在毫無道理。

β值的理論未去分辨賣寵物玩具、呼拉圈的公司與銷售大富翁或芭比娃娃的，所隱含的風險有何不同？投資人只要略懂得消費者行為與企業長期競爭優劣勢的成因，就可以看出兩者的差別。當然每個人都會犯錯，但只要將注意力集中在少數易懂的投資個案上即可，一個略具智慧，持續保持關注的投資人，就能將投資風險界定在可接受的範圍之內。

當然有許多產業，連查理和我都無法判定究竟是寵物玩具或芭比娃娃，即便是經過多年的研究，有些是因知識不足，有時是因產業特性。例如對一家快速變遷的公司，我們即很難評估其長期的營運體質。

我們在30年前是否就能預知現在電視或電腦產業的演進？當然不能（就算是大部分的投資人與全心投入的企業經理人也不能），那為何查理跟我要認為可以預測其他變化快速的產業呢？我們寧可挑些一些簡單的，舒舒服服的坐著就好，何必費心去找稻草裡的針呢？

當然，有些投資活動，如我們從事多年的套利，就必須分散風險；如果單一交易的風險過高，就須將投資分散到幾個各自獨立的個案上。如此即便某些案子可能會有損失，但只要經機率加權的平均報酬率能讓你滿意即可，創投業者即用這種方法。若你也想如法炮製，請用與賭場輪盤遊戲同樣的方法，鼓勵大家持續下注，這對莊家才有利，但千萬要拒絕單一的大賭注。

另一種要分散風險的情況是，當投資人對單一產業無特別的認識，卻只對總體經濟前景有信心，那就該分散持股，並將投資時間拉長。例如定期投資指數型基金，一個什麼都不懂的投資人也能打敗大部分的基金經理人。**當愚蠢的金錢了解到自己的極限之後，它就不再愚蠢了。**

若是稍具知識的投資人，了解產業，就能夠找出5到10家股價合理並享有長期競爭優勢的公司，此時分散風險的方法就沒必要，因那樣反而會傷害到投資績效並增加風險。

我實在是不懂投資人為何要把錢擺在排名第20的股票上，而非把錢集中在排名最前面、最熟悉、風險最小，而且獲利最大的投資之上。這或許就如先知梅西所說的：「好東西愈多，就愈不完美。」

《1996年報》Part1

　　無論是併購整家公司或買賣股票，有人可能會發現我們偏好變化不大的公司與產業，理由很簡單，我們喜愛的公司是競爭優勢能夠持續維持達10年或20年以上者。變化太快的產業環境，或許可以讓人一夕致富，卻不能給我們想要的穩定性。

　　身為美國公民，查理和我歡迎改變，因為新觀念、新事物或創新的技術，可以提升我們的生活。不過做為投資人，我們對於熱門產業的態度，就像到太空探險一樣，我們會給予掌聲，但是若要自己上場，那就另當別論。

　　當然所有的產業或多或少都會改變。今日喜斯糖果的經營形態，與當初我們在1972年買下它時已大不相同：喜斯提供更多樣的糖果，生產設備與銷售通路也日益精進。不過人們購買盒裝巧克力，而且一定會向我們買的理由，打從1920年代喜氏家族創立以來即未曾改變過，在往後20年，乃至50年都不會改變。

　　我們在買賣股票的時候，也追求同樣的可預測性。以可口可樂為例，它所代表的熱情與想像在總裁辜智達的帶領下達到極致，為股東創造出可觀的財富。在唐科富與艾菲斯德的協助之下，辜智達徹頭徹尾改造了公司，不過這家公司的競爭優勢與經營體質，多年來從未改變。

　　最近我正在讀可口可樂1896年的年報（所以現在看我的年報

還不算太晚），當年可口可樂已經成為市場的領導者，只10年的時間而已，而該公司卻在規畫未來的百年大計。面對年僅14.8萬美元的營業額，總裁簡得樂表示：「我們從不遲疑要告訴全世界，可口可樂是能夠提升人類健康與快樂最好的一項產品。」

雖然健康這項目標還有待努力，但在100年後的今天，該公司仍遵循著簡得樂先生當初所定下的基調。

簡得樂又談到：「沒有其他東西能夠像可口可樂一樣深植人心。」當年可樂糖漿的銷售量只有11.6萬加侖，今天早已達32億加侖。

我要再引用簡得樂的另一段話：「從今年3月開始，我們雇用了10位業務員巡迴各地推銷產品，銷售範圍已涵蓋整個美國。」這才是我心目中的銷售力。

像可口可樂與吉列這樣的公司，可以被歸類為「永恆持股」。分析師對於這些公司在未來一、二十年飲料或刮鬍刀市場規模的預測或許會有不同，而且所謂的「永恆」也非指它們可以不必在製造、銷售、包裝與產品創新上不斷努力。

不過即便是最沒有概念的人或其競爭對手，也會同意可口可樂與吉列在未來仍將持續領先群雄，事實上他們的優勢一直在加強，過去10年市場占有率又再擴大，在未來的10年也將如此。

當然與一些高科技或新創產業相比，這些永恆持股的成長性稍顯不足，但與其兩鳥在林，還不如一鳥在手。

查理跟我只能認出少數的永恆持股，即便是窮盡一生的追求，

　　但市場的領導地位並不能保證成功，例如通用汽車、IBM與西爾斯等公司，都曾是雄霸一方的佼佼者，現已今非昔比。

　　大者恆存的定律並非一成不變。因此在找到真正的寶貝之前，可能會有好幾打的冒牌貨夾雜其中，都須時間的考驗。能夠被稱為永恆持股的，其數量絕不超過50家、甚至不到20家。所以我們的投資組合裡除了幾家真正夠格的之外，也列了幾支潛力股。

　　有時侯有人可能會以太高的價格買下一家好公司，買貴了的風險是常有的事，尤其是現在，當然也包括永恆持股在內。在過熱的股市買進股票的投資人，必須要認知，高價買進好公司仍需一段長時間，才能讓它的價值超過所付出的價格。

　　還有一個重要的問題是，有些好公司會摒棄原先良好的本業，去併購一堆爛企業，這是幾年前發生在可口可樂與吉列身上的事。（你可以想像十幾年前，可口可樂曾大舉投入養蝦事業，而吉列也熱衷於石油探勘嗎？）**失去焦點是查理跟我在評估是否投資一些外表看來不錯的公司時，最注意的重點。**

　　是驕傲與不甘寂寞，讓這些經理人胡搞瞎搞，進而傷害了企業的價值，這種情形十分常見，不過還好已不會再在可口可樂與吉列現在與未來的經營團隊上發生。

《1996年報》Part2

多數的投資人，無論法人或散戶，可能會認為投資最好的方法，是去買管理費低的指數型基金，這種做法（在扣除手續費之後）應可輕易打敗市場上大部分的專家。

你也可以建立自己的投資組合，但須切記的是，智慧型投資雖不複雜，卻也非易事。**投資人須具備能正確評價你所選擇企業的能力，請注意「你所選擇」這四個字。**

不必像某些專家同時研究許多家公司，只要在自己的能力範圍內去做評估就好，能力範圍大小並不要緊，重要的是要清楚它的界限。

投資要成功，不需要了解什麼是Ｂ值、效率市場、現代投資組合理論、選擇權定價或新興市場，事實上不懂這些，還可以過得更富裕一點。我這種看法與目前以這些課程為主流的學術界明顯不同。我個人認為，**有志於投資的學生只要修好兩門課即可，即如何評估企業價值與看待市場價格。**

投資人只要以合理的價位買進一些容易了解、且未來5到10年內獲利會大幅成長的公司即可。當然最後會發現僅少數幾家符合標準，若找到這樣的公司，就放膽大量買進。必須避免受到外界誘惑而背離這項準則，**如果不打算持有一家公司10年以上，那最好連10分鐘都不要擁有它。**投資組合中公司盈餘持續上升，其市

值也會跟著增加。

　　雖然我們很少承認，但這正是波克夏股東累積財富的唯一方法，若非公司盈餘大幅增加，波克夏的價值就不可能大幅成長。

《2000年報》

　　我們評估股票與企業價值的公式並無不同。自古以來這個用來評估所有投資商品的公式即未曾改變過，從西元前600年某位先知首次揭示以來便是如此。

　　在伊索寓言裡，曾簡單地道出這個歷久彌新的投資觀念：「二鳥在林，不如一鳥在手」。

　　要進一步說明這項觀念，須先回答三個問題，樹林裡有鳥存在的確定度？牠們何時會出現？數量有多少？無風險利率為何？（我們常以美國長期公債利率為準）　如果能回答以上幾個問題，就能知道這樹林的價值為何，與可以獲得幾隻鳥，當然小鳥只是比喻，真正的標的還是金錢。

　　伊索的投資寓言除可擴大解釋成資金，同樣也適用在農田、鑽油權利金、債券、股票、彩券以及工廠等，即便是蒸汽機的發明、電力的引進或汽車的問世，都不會改變這條公式，連在網路時代也一樣。只要把相關數字代入公式，就可得出應該投資哪種

東西。

一般的投資準則，如股息收益率、本益比、股價淨值比甚至是成長率，如果不能提供對預估未來現金流量金額與時點的訊息，就與企業評價毫無關聯。有時候成長對企業的價值甚至是有害的，假若這項投資計畫早期的現金流出、大於之後現金流入的折現值。

有些分析師與基金經理人將股票分為「成長型」與「價值型」，說它們是兩種完全不同的型態，那可真是相當的無知與不專業。**成長充其量只是企業價值評估的一個因素而已，它可能是正面，也有可能是負面。**

雖然伊索寓言中的投資公式與第三項變數（利率）都相當簡單，但若再加入另外兩個變數就變得複雜，想明確給定這兩個變數的值實務上也不可行，改用區間估計值應是較好的法子。

不過區間估計值的範圍通常過大，導致結論模稜兩可，而且對樹林最終出現鳥兒數量的估計愈保守，所得出的答案相較於價值就愈低（我們把這個現象稱之為樹林無效率理論）。但可確定的是，投資人除了必須對一家企業的基本面有一定的了解外，還要能獨立思考，但並不必要有多聰明或敏銳的觀察力。

許多時候，在最寬鬆的假設下，即便是最聰明的投資人，都無法確認小鳥的出現，**如此的不確定性在新興事業或快速變遷的產業上尤其明顯。把資金投入在這種產業上與投機無異。**

如今投機之風盛行，全然無視於企業的獲利，只看下一個接手

的人會出多高的價格。這雖然不違法、也非不道德，當然也不是非傳統，但也絕非查理跟我所想玩的遊戲。我們空手來參加宴會，又何必企圖從中帶走什麼？

投資與投機之間永遠難以明確界定，尤其是當市場上所有的參與者都興致高昂時，因為再也沒有比不勞而獲的暴利，更讓人失去理性了。

在嚐過甜頭之後，任何人都會像參加舞會的灰姑娘一樣被沖昏頭，他們明知在舞會中多待一會兒，亦即持續將大量的資金投入到投機活動上，南瓜馬車與老鼠駕駛現出原形的機率就愈高，但仍然捨不得錯過這場盛宴。**所有人都想撐到最後一刻才離開，問題是這場舞會中的時鐘，根本就沒有指針！**

去年我們對於市場過度樂觀與非理性的狀況大加撻伐，投資人的預期超出現實的報酬數倍。潘偉伯證券公司在1999年進行的調查顯示，當投資人被問到對未來10年的年平均投資報酬率預期為何時，答案竟是高達19％，這顯然是不切實際。對整個美國樹林來說，到2009年為止，根本不可能藏有這麼多隻鳥。

更糟糕的是，目前市場對於一些長期明顯不可能產生太高價值，或者根本沒有價值的公司，給予極高的評價。投資人被飆漲的股價誘惑，將大筆資金瘋狂投入，就像病毒般在法人與散戶間散播，引發不理性的股價預期，與其應有的價值顯然不符。

這種幻覺還伴隨一種荒謬的說法叫做「價值的創造」。過去十年確實有許多新創事業創造出可觀的價值，而且仍在繼續，但那

些終其一生都賺不了錢的公司是沒有價值的，這其實是價值破壞，無論這期間它們的市值曾有多高。

在這些例子中，真正發生的事只是財富移轉的效果，規模都還很大，部分不肖商人利用根本就沒有半隻鳥的樹林，騙取大眾鉅額的金錢。泡沫市場所創造出來的泡沫公司，只是在騙錢，而非幫人賺錢，其幕後推手的最終目的只是在讓它掛牌上市而已，這只不過是連鎖信騙局的再版，承銷商就像負責送信的郵差成了幫兇。

任何的泡沫旁總隱藏著刺針，直到泡沫被刺破後，菜鳥投資人才會學到教訓。第一課，任何東西只要有人要買，華爾街那幫人都會想辦法弄來賣給你；第二課，**投機當它看似簡單時，其實是最危險的時候。**

在波克夏，我們從未妄想要從一堆未經考驗的公司中挖出寶來，我們自認沒有這等聰明，相反的我們謹遵循2600年來伊索寓言中的公式，研究樹林裡到底有多少隻鳥，以及牠們出現的數量與時機（或許以後我的孫子會把牠改為五本電話簿上的女孩，不如一個敞篷跑車上的女孩）。

當然我們無法準確預估一家公司每年的現金流量，所以我們儘量保守，只專注在那些即便發生差池、也不會造成股東重大損失的公司。儘管如此，我還是常常犯錯，大家可能還記得本人就曾經自稱熟悉集郵、紡織、製鞋以及二流百貨公司等產業。

近來我們最看好的樹林是整家的併購，不過請記住，這類的交

易頂多有合理的報酬而已。想要有超額的利潤，一定要等到市場非常低迷，所有人都感到悲觀之時，目前我們是180度不同於那種狀況。

附錄2：我的入圍名單

說明：

以下列出我的選股入圍名單（依代號排序），我每天就是拿著它晃來晃去，等待買點來臨。這份名單僅供參考，不代表在上面的股票我都會推薦給客戶，但大部分都在裡面。總之，這份入圍名單就跟奧斯卡一樣，入圍只是榮譽，不代表得獎。

它們亦不表示都能永遠維持高RoE的股票，一旦有變化，隨時會被我踢出榜外，若有新發現好股票也會納入；另外這裡所設定每支股票未來最可能的RoE，也只是我個人的看法，你可以、也應當要有不同的意見。

我建議每位讀者都應建立自己的入圍名單。

台塑（1301）

	還原	RoA%	RoE%	Eq%	四年盈再率%	EPS$	Net$m	YoY%	NAV$	股息	股票
1996	119.5			62		2.7	6,103	-	17.6	1.10	1.00
1997	107.6	8	13	50		2.0	5,047	(17)	17.9	0.90	0.90
1998	97.9	7	14	60		2.1	6,144	22	21.5	0.00	1.40
1999	85.9	8	13	54		2.3	7,935	29	21.7	0.70	0.70
2000	79.6	9	17	54	246	3.4	12,897	63	22.5	0.90	0.90
2001	72.2	4	8	55	214	1.6	6,706	(48)	21.2	1.00	1.00
2002	64.7	6	11	56	163	2.2	9,898	48	21.4	0.70	0.70
2003	59.8	10	17	59	67	3.5	16,606	68	22.5	1.20	0.60
2004	55.3					2.9			22.4	1.80	0.60
	50.5	35	13								

買進價$35＝最可能RoE13％×最近NAV$22.4×12倍本益比

南亞（1303）

	還原	RoA%	RoE%	Eq%	四年盈再率%	EPS$	Net$m	YoY%	NAV$	股息	股票
1996	121.3			45		2.9	7,780	-	18.2	1.15	1.15
1997	107.8	6	14	41		2.2	6,891	(11)	19.8	1.10	1.10
1998	96.1	7	18	42		3.0	10,978	59	19.9	0.00	1.70
1999	82.2	7	17	51		2.6	11,991	9	23.5	0.60	1.10
2000	73.5	10	19	55	184	4.0	21,043	75	24.0	1.00	1.00
2001	65.9	3	6	53	169	1.4	7,861	(63)	22.2	1.10	1.10
2002	58.4	6	11	55	139	2.2	13,797	76	22.3	0.70	0.70
2003	53.9	7	12	55	82	2.6	17,180	25	22.6	1.20	0.60
2004	49.7					2.9			22.2	1.80	0.60
	46.3	35	13								

東陽（1319）

	還原	RoA%	RoE%	Eq%	四年盈再率%	EPS$	Net$m	YoY%	NAV$	股息	股票
1996	111.6			54		1.8	308	-	15.1	0.00	1.50
1997	97.0	3	6	61		0.6	166	(46)	15.5	0.00	2.50
1998	77.6	10	17	66		2.2	767	362	15.6	0.00	1.50
1999	67.5	1	2	58		0.2	88	(89)	12.6	1.10	1.00
2000	60.4	(1)	(2)	48	289	(0.3)	(99)	na	10.8	0.00	0.50
2001	57.5	3	6	52	81	0.7	268	na	11.8	0.00	0.00
2002	57.5	6	12	55	106	1.6	565	111	12.7	0.25	0.25
2003	55.8	13	24	62	65	3.0	1,119	98	15.6	0.95	0.30
2004	53.3					3.3			15.7	1.79	0.30
	50.0	40	21								

台化（1326）

	還原	RoA%	RoE%	Eq%	四年盈再率%	EPS$	Net$m	YoY%	NAV$	股息	股票
1996	105.1			56		1.5	3,454	-	17.7	0.65	0.65
1997	98.1	4	7	49		1.1	2,675	(23)	18.1	0.35	0.35
1998	94.4	8	17	53		2.7	7,288	172	19.6	0.00	0.60
1999	89.1	8	15	47		2.7	8,764	20	21.2	0.40	0.40
2000	85.3	9	19	53	202	3.5	12,684	45	23.9	0.70	0.70
2001	79.0	3	5	49	224	1.2	4,610	(64)	22.6	0.80	0.80
2002	72.4	6	12	53	155	2.6	10,973	138	23.4	0.60	0.60
2003	67.8	10	18	58	71	3.9	17,697	61	24.0	1.60	0.80
2004	61.3					3.3			23.3	2.40	0.80
	54.5	39	14								

年興（1451）

	還原	RoA%	RoE%	Eq%	四年盈再率%	EPS$	Net$m	YoY%	NAV$	股息	股票
1996	130.4	11	19	62		2.7	428	65	16.7	0.00	2.50
1997	104.3	14	24	73		3.1	614	43	17.0	0.00	2.50
1998	83.5	16	22	68		3.0	744	21	16.2	0.00	2.80
1999	65.2	24	35	72	122	3.9	1,427	92	15.9	1.00	2.00
2000	53.5	14	19	72	131	2.3	1,152	(19)	14.6	0.00	3.00
2001	41.2	16	21	84	118	2.6	1,561	36	15.5	0.00	2.00
2002	34.3	18	21	83	96	3.3	1,957	25	16.6	2.00	0.00
2003	32.3	16	20	87	59	3.3	1,956	(0)	17.4	2.20	0.00
2004	30.1					2.8			16.6	2.20	0.00
	27.9	34	17								

復盛（1520）

	還原	RoA%	RoE%	Eq%	四年盈再率%	EPS$	Net$m	YoY%	NAV$	股息	股票
1996	328.6	9	18	48		3.4	325	5	20.3	2.00	0.00
1997	326.6	19	40	53		6.6	790	143	22.6	0.00	2.50
1998	261.3	15	29	51		4.1	800	1	16.7	0.50	6.00
1999	163.0	9	17	52	107	2.4	577	(28)	15.5	1.00	2.00
2000	135.0	16	32	54	77	4.3	1,177	104	15.7	0.70	1.30
2001	118.9	27	50	58	90	6.5	2,177	85	18.6	1.25	2.00
2002	98.0	16	27	62	70	3.7	1,781	(18)	18.3	1.50	3.00
2003	74.2	23	38	65	58	6.5	3,474	95	21.5	3.04	0.61
2004	67.1					5.4			17.4	3.50	2.00
	53.0	65	31								

鑽全（1527）

	還原	RoA%	RoE%	Eq%	四年盈再率%	EPS$	Net$m	YoY%	NAV$	股息	股票
1996	498.4	24	89	39		10.4	81	3,950	21.8	0.00	0.00
1997	498.4	52	134	73		11.9	227	180	21.3	0.00	1.00
1998	453.1	43	59	78		6.5	291	28	17.3	0.00	9.50
1999	232.3	41	53	84	31	5.7	410	41	16.6	0.00	5.79
2000	147.2	33	39	87	33	4.4	468	14	15.3	0.00	5.00
2001	98.1	29	34	63	69	4.3	558	19	15.7	1.50	2.00
2002	80.5	18	30	63	69	4.6	603	8	17.2	3.00	0.00
2003	77.5	20	32	72	49	5.4	720	19	19.4	3.00	0.00
2004	74.5					5.6			18.5	3.00	1.00
	65.0	67	30								

中碳（1723）

	還原	RoA%	RoE%	Eq%	四年盈再率%	EPS$	Net$m	YoY%	NAV$	股息	股票
1996	101.1	5	18	40		1.8	193	53	12.3	0.00	0.00
1997	101.1	9	23	70		2.5	298	54	12.9	0.60	1.20
1998	89.7	12	18	70		1.9	271	(9)	12.6	0.60	2.00
1999	74.3	11	16	59	(3)	2.0	280	3	12.8	1.60	0.00
2000	72.7	18	31	79	4	3.6	568	103	14.6	0.70	1.00
2001	65.4	17	22	57	7	2.9	511	(10)	14.5	1.80	1.00
2002	57.9	13	22	57	8	3.1	557	9	13.9	2.10	0.50
2003	53.1	19	33	51	1	4.6	847	52	15.7	2.40	0.20
2004	49.7					4.5			14.4	3.60	0.20
	45.2	54	31								

永記（1726）

	還原	RoA%	RoE%	Eq%	四年盈再率%	EPS$	Net$m	YoY%	NAV$	股息	股票
1996	107.3			62		5.7	462	-	23.7	1.00	1.00
1997	96.6	18	28	69		6.0	544	18	25.9	1.25	1.25
1998	84.8	15	22	77		4.3	509	(6)	24.1	0.00	3.00
1999	65.2	17	22	77		4.6	621	22	24.1	1.50	1.50
2000	55.4	9	12	77	14	2.6	403	(35)	22.3	1.50	1.50
2001	46.9	12	15	80	26	3.4	530	32	23.8	2.00	0.00
2002	44.9	11	13	79	23	3.2	495	(7)	24.9	2.00	0.00
2003	42.9	11	14	80	24	3.3	528	7	25.6	2.00	0.24
2004	39.9					3.6			25.7	2.00	0.00
	37.9	43	14								

必翔（1729）

	還原	RoA%	RoE%	Eq%	四年盈再率%	EPS$	Net$m	YoY%	NAV$	股息	股票
1996	220.4	23	38	78		2.6	43	153	13.2	0.00	0.00
1997	220.4	41	53	80		4.1	125	191	12.9	0.00	0.00
1998	220.4	30	37	88		3.9	216	73	14.2	0.00	0.00
1999	220.4	27	31	79	52	3.4	247	14	14.2	0.00	2.44
2000	177.2	31	39	80	46	4.2	402	63	15.1	0.00	3.00
2001	136.3	36	45	82	60	5.0	642	60	15.9	0.30	3.50
2002	100.7	32	38	83	55	5.0	782	22	16.9	2.00	2.00
2003	82.3	29	35	86	31	5.6	916	17	17.6	4.00	0.50
2004	74.5					3.7			14.1	4.50	0.30
	68.0	44	26								

中鋼（2002）

	還原	RoA%	RoE%	Eq%	四年盈再率%	EPS$	Net$m	YoY%	NAV$	股息	股票
1996	58.2	6	9	57		1.3	9,604	17	14.9	1.47	0.00
1997	56.8	8	15	57		2.1	15,656	63	15.5	1.25	0.25
1998	54.2	9	16	65		2.2	18,330	17	16.3	1.10	1.00
1999	48.2	7	11	62	69	1.8	15,121	(18)	14.9	2.50	0.50
2000	43.6	9	15	64	20	2.1	18,582	23	15.4	1.30	0.20
2001	41.4	4	6	64	(8)	0.8	7,460	(60)	14.0	1.50	0.30
2002	38.8	8	13	69	(23)	1.9	16,839	126	14.6	0.80	0.20
2003	37.2	19	27	73	(11)	3.9	36,979	120	17.0	1.40	0.15
2004	35.3					2.4			16.3	3.00	0.35
	31.2	29	15								

正新（2105）

	還原	RoA%	RoE%	Eq%	四年盈再率%	EPS$	Net$m	YoY%	NAV$	股息	股票
1996	97.4	7	11	65		1.4	763	0	14.1	0.20	1.00
1997	88.4	6	9	67		1.1	692	(9)	14.9	0.20	1.00
1998	80.2	8	13	75		1.7	1,139	65	15.0	0.00	1.20
1999	71.6	9	12	75	80	1.6	1,183	4	14.8	0.20	1.00
2000	64.9	9	12	74	89	1.7	1,347	14	15.6	0.60	0.50
2001	61.2	10	14	76	83	2.0	1,692	26	16.7	0.60	0.65
2002	56.9	15	20	72	105	3.2	2,824	67	18.2	0.68	0.60
2003	53.1	13	18	65	110	3.0	2,878	2	18.8	0.85	0.80
2004	48.3					2.2			17.2	1.00	0.96
	43.2	27	13								

裕隆（2201）

	還原	RoA%	RoE%	Eq%	四年盈再率%	EPS$	Net$m	YoY%	NAV$	股息	股票
1996	64.6	4	10	47		1.5	1,541	(289)	16.5	0.00	0.00
1997	64.6	14	30	58		4.6	5,156	235	21.9	0.50	0.50
1998	61.0	13	23	62		4.2	5,987	16	21.7	1.00	2.00
1999	50.0	8	12	66	(6)	2.4	3,721	(38)	20.1	2.00	1.00
2000	43.7	7	11	66	68	2.2	3,369	(9)	22.0	0.51	0.51
2001	41.1	6	9	70	71	1.8	3,045	(10)	21.0	0.70	0.50
2002	38.4	11	15	71	78	3.0	5,461	79	22.5	0.20	0.60
2003	36.1	13	19	70	93	4.5	7,778	42	30.9	1.50	0.00
2004	34.6					4.5			30.2	2.30	0.15
	31.8	54	15								

中華車（2204）

	還原	RoA%	RoE%	Eq%	四年盈再率%	EPS$	Net$m	YoY%	NAV$	股息	股票
1996	99.7	9	14	60		2.6	1,754	(21)	21.1	0.50	1.50
1997	86.3	15	25	60		4.9	3,452	97	26.0	1.50	0.50
1998	80.8	15	24	69		4.6	4,431	28	25.4	0.50	3.00
1999	61.7	9	14	67	81	3.2	3,377	(24)	24.5	3.00	0.50
2000	55.9	9	13	69	77	3.0	3,423	1	25.0	1.50	0.50
2001	51.9	8	11	61	52	2.6	3,123	(9)	24.4	1.15	0.85
2002	46.7	12	19	68	36	4.7	5,822	86	28.6	1.25	0.25
2003	44.4	14	21	73	51	5.6	7,499	29	29.5	3.75	0.25
2004	39.6					4.5			29.7	2.53	0.00
	37.1	53	15								

台達電（2308）

	還原	RoA%	RoE%	Eq%	四年盈再率%	EPS$	Net$m	YoY%	NAV$	股息	股票
1996	211.3			61		4.2	1,512	-	19.4	0.50	2.00
1997	175.7	20	33	64		5.2	2,306	53	25.8	0.50	2.00
1998	146.0	12	19	67		4.0	2,235	(3)	23.8	1.50	2.00
1999	120.4	18	27	69		5.1	3,648	63	27.6	2.00	2.00
2000	98.7	18	26	57	160	5.5	5,213	43	26.2	2.00	2.50
2001	77.3	8	14	60	143	3.0	3,585	(31)	23.2	2.25	2.25
2002	61.3	9	16	61	121	3.1	4,276	19	21.7	1.25	1.50
2003	52.2	11	17	57	85	3.5	5,215	22	21.4	2.00	0.50
2004	47.8					2.9			19.6	2.25	0.50
	43.4	35	15								

鴻海（2317）

	還原	RoA%	RoE%	Eq%	四年盈再率%	EPS$	Net$m	YoY%	NAV$	股息	股票
1996	1,186.8	20	34	65		5.3	1,852	53	20.5	0.00	5.00
1997	791.2	32	49	53		7.2	3,625	96	22.5	0.00	4.00
1998	565.1	25	48	52		7.6	5,501	52	23.0	0.00	4.00
1999	403.7	23	44	69	114	7.1	7,413	35	31.6	0.00	4.00
2000	288.3	21	30	55	119	7.1	10,331	39	30.5	1.00	3.00
2001	221.0	16	30	56	105	7.4	13,080	27	31.4	1.50	2.00
2002	182.9	17	30	52	87	8.2	16,886	29	33.7	1.50	1.50
2003	157.8	17	33	50	79	9.1	22,829	35	35.2	1.50	2.00
2004	130.2					9.2			32.7	2.00	1.50
	111.5	110	28								

台積電（2330）

	還原	RoA%	RoE%	Eq%	四年盈再率%	EPS$	Net$m	YoY%	NAV$	股息	股票
1996	555.4	40	58	71		7.3	19,401	29	19.6	0.00	8.00
1997	308.6	25	34	64		4.4	17,960	(7)	17.0	0.00	5.00
1998	205.7	14	22	68		2.5	15,344	(15)	13.9	0.00	4.50
1999	141.9	20	29	75	111	3.2	24,560	60	15.7	0.00	2.30
2000	115.3	40	54	77	151	5.7	65,106	165	22.4	0.00	2.80
2001	90.1	4	6	83	140	0.8	14,483	(78)	16.5	0.00	4.00
2002	64.4	6	8	80	128	1.1	21,610	49	15.9	0.00	1.00
2003	58.5	13	16	83	73	2.3	47,259	119	16.2	0.00	0.80
2004	54.2					2.3			15.0	0.60	1.40
	47.0	27	15								

明基（2352）

	還原	RoA%	RoE%	Eq%	四年盈再率%	EPS$	Net$m	YoY%	NAV$	股息	股票
1996	238.2	13	27	58		3.6	1,200	(13)	24.2	0.50	4.50
1997	163.9	11	19	68		3.5	1,710	43	25.5	0.50	2.50
1998	130.7	7	11	60		2.2	1,451	(15)	22.0	0.50	2.50
1999	104.2	9	15	67	279	2.8	2,170	50	25.4	1.00	1.50
2000	89.7	14	21	59	232	4.3	4,624	113	25.0	0.50	2.00
2001	74.4	7	11	51	185	2.2	3,031	(34)	20.4	1.00	2.50
2002	58.7	13	26	59	96	4.5	7,400	144	24.6	0.80	1.20
2003	51.7	11	18	59	69	3.6	7,500	1	21.8	1.50	2.00
2004	41.8					3.5			20.6	2.00	1.00
	36.2	42	17								

華碩（2357）

	還原	RoA%	RoE%	Eq%	四年盈 再率%	EPS$	Net$m	YoY%	NAV$	股息	股票
1996	2,948.2			77		32.0	3,808	-	55.4	5.50	9.50
1997	1,509.1	82	106	84		22.4	7,038	85	61.0	0.00	15.00
1998	603.6	49	59	87		14.3	11,575	64	38.2	0.00	15.00
1999	241.5	40	46	87		12.5	14,285	23	36.8	3.00	4.00
2000	170.3	32	37	85	26	10.0	15,646	10	34.6	2.40	3.60
2001	123.5	25	30	86	29	8.2	16,189	3	33.2	2.50	2.50
2002	96.8	13	15	85	47	5.0	10,028	(38)	33.2	4.00	0.00
2003	92.8	15	17	83	80	5.1	11,570	15	32.7	1.25	1.25
2004	81.4					5.2			30.4	1.50	1.00
	72.6	62	17								

瑞昱（2379）

	還原	RoA%	RoE%	Eq%	四年盈 再率%	EPS$	Net$m	YoY%	NAV$	股息	股票
1996	450.6	24	38	64		4.3	215	117	15.6	0.00	1.80
1997	381.9	35	54	76		6.2	424	97	17.6	0.00	3.25
1998	288.2	28	37	86		4.0	442	4	21.5	0.00	4.10
1999	204.4	26	30	82	118	4.9	740	67	20.9	0.00	3.00
2000	157.2	44	54	72	77	7.7	1,690	128	23.0	1.00	4.00
2001	111.6	33	46	75	49	6.7	2,351	39	21.4	0.50	5.00
2002	74.1	31	41	87	45	6.0	3,106	32	31.4	0.50	3.00
2003	56.6	15	17	87	30	4.3	2,792	(10)	27.3	1.75	2.00
2004	45.7					3.0			22.8	1.80	1.03
	39.8	36	13								

合勤（2391）

	還原	RoA%	RoE%	Eq%	四年盈 再率%	EPS$	Net$m	YoY%	NAV$	股息	股票
1996	260.7	15	18	92		2.7	222	(35)	17.2	0.80	2.00
1997	216.6	17	18	87		2.5	251	13	16.3	0.50	2.00
1998	180.1	16	19	89		2.6	304	21	18.4	0.00	1.50
1999	156.6	10	11	86	96	1.7	252	(17)	17.0	0.30	1.50
2000	135.9	15	17	85	93	2.4	433	72	22.1	0.00	1.50
2001	118.2	10	11	88	93	2.2	496	15	21.0	0.00	1.50
2002	102.8	20	23	82	60	4.3	1,131	128	21.6	0.00	1.50
2003	89.3	21	25	77	50	4.6	1,481	31	21.9	1.00	1.50
2004	76.8					4.8			19.9	1.50	1.50
	65.5	57	24								

研華（2395）

	還原	RoA%	RoE%	Eq%	四年盈再率%	EPS$	Net$m	YoY%	NAV$	股息	股票
1996	662.0	23	45	55		5.7	108	157	18.4	0.00	0.00
1997	662.0	59	107	58		9.5	373	245	18.5	0.00	6.00
1998	413.7	41	71	73		8.2	628	68	21.8	0.00	5.00
1999	275.8	28	39	76	66	5.3	687	9	18.3	0.00	6.00
2000	172.4	30	39	69	77	5.4	941	37	18.5	1.00	3.00
2001	131.8	25	36	68	67	5.0	1,165	24	18.1	1.00	3.00
2002	100.6	20	29	67	63	4.3	1,234	6	17.9	1.50	2.00
2003	82.6	14	21	68	66	3.2	1,072	(13)	17.0	1.47	1.47
2004	70.8					4.8			17.0	2.50	0.50
	65.0	57	28								

凌陽（2401）

	還原	RoA%	RoE%	Eq%	四年盈再率%	EPS$	Net$m	YoY%	NAV$	股息	股票
1996	867.7	42	51	85		7.8	499	2	23.0	0.00	6.00
1997	542.3	64	76	87		10.7	1,123	125	24.7	0.00	6.00
1998	338.9	32	37	90		5.2	955	(15)	19.2	0.00	7.00
1999	199.4	32	36	87	73	4.7	1,263	32	17.9	0.00	4.30
2000	139.4	39	45	87	58	5.9	2,177	72	19.2	0.50	3.50
2001	102.9	26	30	92	57	4.0	2,132	(2)	22.2	1.00	3.50
2002	75.5	16	17	91	50	3.1	2,116	(1)	19.1	1.50	2.50
2003	59.2	14	15	84	32	2.6	2,007	(5)	18.0	2.00	1.00
2004	52.0					3.2			16.1	1.50	1.00
	45.9	39	20								

毅嘉（2402）

	還原	RoA%	RoE%	Eq%	四年盈再率%	EPS$	Net$m	YoY%	NAV$	股息	股票
1996	212.1			52		2.3	33	-	12.8	0.00	0.00
1997	212.1	24	47	65		4.6	99	200	15.3	0.00	0.00
1998	212.1	18	27	75		3.0	124	25	15.3	0.00	0.00
1999	212.1	17	23	75		2.5	152	23	13.8	0.00	3.50
2000	157.1	31	41	77	187	4.0	340	124	21.4	0.00	2.50
2001	125.7	9	12	63	212	2.0	231	(32)	18.3	0.00	3.10
2002	95.9	10	16	63	207	2.5	341	48	17.7	0.50	1.50
2003	83.0	17	27	57	186	3.8	649	90	21.1	0.00	2.00
2004	69.2					4.3			19.4	0.75	2.00
	57.0	51	22								

漢唐（2404）

	還原	RoA%	RoE%	Eq%	四年盈再率%	EPS$	Net$m	YoY%	NAV$	股息	股票
1996	139.7			38		2.8	143	-	14.0	0.00	2.00
1997	116.4	9	24	47		2.8	170	19	14.3	0.00	2.00
1998	97.0	14	31	61		3.1	268	58	20.7	0.00	2.50
1999	77.6	11	19	65		3.1	350	31	19.0	0.30	2.50
2000	61.9	11	17	63	72	2.6	376	7	16.7	0.40	2.50
2001	49.2	9	14	55	64	2.2	346	(8)	13.9	1.40	1.10
2002	43.0	11	20	47	11	2.8	455	32	14.6	0.80	0.90
2003	38.7	11	24	51	14	3.7	631	39	16.6	1.50	0.50
2004	35.5					3.3			16.4	2.17	0.92
	30.5	39	20								

飛瑞（2411）

	還原	RoA%	RoE%	Eq%	四年盈再率%	EPS$	Net$m	YoY%	NAV$	股息	股票
1996	150.3	17	21	84		2.8	444	7	16.9	0.00	3.00
1997	115.6	27	32	85		4.1	872	96	17.5	0.00	3.00
1998	88.9	21	25	86		3.2	932	7	15.4	0.00	4.00
1999	63.5	22	26	86	56	3.5	1,184	27	16.5	1.20	1.30
2000	55.1	16	18	85	49	2.4	1,047	(12)	14.7	1.00	2.50
2001	43.3	11	13	85	64	1.8	853	(19)	13.8	1.50	0.70
2002	39.1	13	15	85	44	2.2	983	15	12.6	2.00	0.00
2003	37.1	21	25	84	42	3.3	1,478	50	13.7	1.90	0.05
2004	35.0					2.7			12.1	2.50	0.00
	32.5	32	22								

國泰金（2882）　　　　　　　　　　　　　　　　　　　　　　註：以2001年金控成立時計算

	還原	RoA%	RoE%	Eq%	四年盈再率%	EPS$	Net$m	YoY%	NAV$	股息	股票
1996											
1997											
1998											
1999											
2000											
2001	62.0				不適用	0.0	137	-	12.8	0.00	0.00
2002	62.0	13	16	81	不適用	2.2	13,085	9,451	13.1	1.50	0.00
2003	60.5	14	16	85	不適用	2.7	20,588	57	17.1	1.50	0.00
2004	59.0					3.5			17.7	2.00	0.00
	57.0	42	20								

兆豐金（2886）

註：以2002年金控成立時計算

	還原	RoA%	RoE%	Eq%	四年盈再率%	EPS$	Net$m	YoY%	NAV$	股息	股票
1996											
1997											
1998											
1999											
2000											
2001											
2002	24.4				不適用	1.0	6,298		12.9	0.00	1.04
2003	22.1	11	14	79	不適用	1.8	18,099	187	13.7	0.40	0.40
2004	20.8					1.7			13.2	1.54	0.00
	19.3	21	13								

中信金（2891）

註：以2002年金控成立時計算

	還原	RoA%	RoE%	Eq%	四年盈再率%	EPS$	Net$m	YoY%	NAV$	股息	股票
1996											
1997											
1998											
1999											
2000											
2001											
2002				84	不適用	1.4	6,577	-	16.3		
2003	43.4	8	11	73	不適用	1.4	7,716	17	13.9	1.00	1.10
2004	38.2					2.3			15.5	1.10	0.60
	35.0	28	15								

統一超（2912）

	還原	RoA%	RoE%	Eq%	四年盈再率%	EPS$	Net$m	YoY%	NAV$	股息	股票
1996	236.6	18	33	57		4.0	1,120	46	15.4	0.65	2.60
1997	187.3	15	27	57		3.3	1,158	3	14.8	0.65	2.60
1998	148.1	15	27	56		3.2	1,404	21	14.6	0.59	2.36
1999	119.4	15	26	53	102	3.2	1,675	19	14.7	0.96	1.80
2000	100.3	12	23	49	126	3.0	1,786	7	14.6	1.12	1.68
2001	84.9	10	21	46	123	2.7	1,843	3	14.4	1.00	1.50
2002	73.0	12	26	47	149	3.4	2,592	41	15.2	1.12	1.13
2003	64.6	15	31	50	115	4.3	3,682	42	16.1	1.78	1.12
2004	56.5					2.9			14.0	2.64	0.66
	50.5	35	21								

佰鴻（3031）

	還原	RoA%	RoE%	Eq%	四年盈 再率%	EPS$	Net$m	YoY%	NAV$	股息	股票
1996	114.5			61		0.6	6	-	11.5	0.00	0.00
1997	114.5	17	28	75		2.3	32	433	12.4	0.00	0.00
1998	114.5	31	41	84		3.8	100	213	16.3	0.00	0.00
1999	114.5	16	19	75		2.5	108	8	15.8	0.00	2.00
2000	95.4	11	14	88	90	1.9	97	(10)	14.8	0.00	2.00
2001	79.5	14	16	83	71	2.0	123	27	14.1	0.00	2.00
2002	66.3	19	23	81	65	2.8	204	66	15.0	0.20	1.30
2003	58.5	26	32	73	32	4.2	344	69	16.5	0.80	1.20
2004	51.5					3.6			14.4	0.60	2.50
	40.7	43	25								

智原（3035）

	還原	RoA%	RoE%	Eq%	四年盈 再率%	EPS$	Net$m	YoY%	NAV$	股息	股票
1996	368.4	3	8	85		0.9	11	(50)	11.6	0.00	0.00
1997	368.4	26	30	44		3.3	70	536	16.7	0.00	0.00
1998	368.4	27	63	70		5.6	210	200	16.3	0.00	1.80
1999	312.2	37	52	73	34	5.9	337	60	17.0	0.00	4.00
2000	223.0	49	66	75	36	7.5	649	93	18.8	0.00	4.50
2001	153.8	28	37	79	47	4.8	603	(7)	16.8	1.00	4.00
2002	109.1	26	32	81	41	4.0	691	15	16.5	0.00	3.00
2003	83.9	30	36	83	30	4.6	1,024	48	17.0	0.50	2.50
2004	66.8					4.5			14.2	2.23	1.32
	57.0	55	32								

大田（8924）

	還原	RoA%	RoE%	Eq%	四年盈 再率%	EPS$	Net$m	YoY%	NAV$	股息	股票
1996	376.7	1	2	37		0.2	3	(88)	10.9	0.00	0.00
1997	376.7	14	40	48		3.9	71	2,267	14.9	0.00	1.10
1998	339.3	22	45	61		4.7	123	73	15.9	0.00	3.44
1999	252.5	35	57	65	72	6.3	248	102	17.0	0.00	4.41
2000	175.2	17	26	60	83	3.3	174	(30)	14.9	1.70	3.50
2001	128.5	23	39	63	76	5.0	308	77	17.1	1.46	1.55
2002	110.0	23	36	52	70	5.1	378	23	17.7	1.80	2.00
2003	90.2	18	34	55	66	5.3	442	17	18.7	3.20	1.00
2004	79.1					6.3			21.8	4.00	0.50
	71.5	76	29								

億豐（9915）

	還原	RoA%	RoE%	Eq%	四年盈再率%	EPS$	Net$m	YoY%	NAV$	股息	股票
1996	158.0	(12)	(21)	49		(2.2)	(217)	na	8.6	0.00	0.00
1997	158.0	(4)	(9)	47		(0.8)	(73)	na	7.9	0.00	0.00
1998	158.0	8	17	54		1.4	133	na	9.2	0.00	0.00
1999	158.0	18	34	70	(91)	3.1	307	131	12.4	0.00	0.00
2000	158.0	23	33	85	3	3.5	397	29	14.2	0.00	1.50
2001	137.4	26	31	84	26	3.5	498	25	14.7	0.00	2.60
2002	109.1	28	33	87	24	3.8	695	40	15.3	0.00	2.60
2003	86.6	35	41	86	28	4.9	1,135	63	16.2	0.64	2.56
2004	68.4					4.5			13.7	1.20	2.80
	52.5	54	33								

中保（9917）

	還原	RoA%	RoE%	Eq%	四年盈再率%	EPS$	Net$m	YoY%	NAV$	股息	股票
1996	146.3			71		3.7	618	-	18.0	0.00	3.00
1997	112.5	21	30	74		4.1	901	46	17.7	0.00	3.00
1998	86.6	15	20	80		2.6	763	(15)	18.1	0.00	3.00
1999	66.6	16	20	81		3.2	1,086	42	18.4	0.80	1.20
2000	58.7	12	14	71	113	2.3	889	(18)	16.0	0.50	1.70
2001	49.8	20	28	81	74	4.3	1,767	99	18.2	1.00	1.00
2002	44.3	10	12	75	35	2.2	908	(49)	16.5	1.50	0.50
2003	40.8	12	16	72	20	2.7	1,128	24	17.2	1.60	0.40
2004	37.7					2.6			16.5	2.00	0.00
	35.7	32	16								

巨大（9921）

	還原	RoA%	RoE%	Eq%	四年盈再率%	EPS$	Net$m	YoY%	NAV$	股息	股票
1996	110.7	5	8	70		1.4	211	4	17.5	1.00	1.00
1997	99.7	8	11	64		1.8	296	40	17.1	1.00	1.00
1998	89.8	14	21	66		3.3	589	99	18.0	1.00	1.00
1999	80.7	10	16	65	73	2.6	509	(14)	16.9	1.00	1.00
2000	72.4	15	24	68	72	3.5	790	55	17.8	0.70	1.50
2001	62.4	9	13	67	76	2.1	543	(31)	17.3	0.70	1.50
2002	53.6	11	16	69	86	2.7	746	37	18.1	1.00	0.70
2003	49.2	15	22	67	90	4.0	1,132	52	20.4	2.00	0.00
2004	47.2					3.3			19.3	3.00	0.00
	44.2	39	17								

成霖（9934）

	還原	RoA%	RoE%	Eq%	四年盈再率%	EPS$	Net$m	YoY%	NAV$	股息	股票
1996	211.7	7	13	66		1.2	21	200	11.7	0.00	1.08
1997	191.1	14	21	66		1.9	49	133	12.7	0.00	1.20
1998	170.6	14	22	66		2.5	83	69	13.6	0.00	1.30
1999	151.0	22	34	74	108	3.8	155	87	14.9	0.00	2.00
2000	125.8	22	29	73	89	3.3	177	14	14.6	0.00	3.30
2001	94.6	28	38	74	99	4.5	307	73	16.2	0.50	2.30
2002	76.5	34	45	81	73	5.2	498	62	20.6	0.50	2.50
2003	60.8	9	11	88	119	1.6	233	(53)	17.6	0.31	3.60
2004	44.5					2.8			16.4	0.40	1.60
	38.0	33	17								

裕融（9941）

	還原	RoA%	RoE%	Eq%	四年盈再率%	EPS$	Net$m	YoY%	NAV$	股息	股票
1996	195.4			7		3.2	76	-	24.9	0.00	2.14
1997	161.0	2	32	12		4.5	189	149	21.2	0.00	5.00
1998	107.3	3	27	12		4.3	315	67	22.8	0.00	2.00
1999	89.4	3	27	13		4.1	531	69	19.4	0.00	4.70
2000	60.8	4	30	18	60	4.3	758	43	18.6	0.00	3.50
2001	45.1	4	20	23	44	3.2	668	(12)	17.2	1.80	1.80
2002	36.7	4	15	24	31	2.4	551	(18)	16.5	2.00	0.70
2003	32.4	4	17	23	51	2.8	630	14	17.2	2.00	0.00
2004	30.4					2.4			16.3	2.00	0.40
	27.3	29	15								

茂順（9942）

	還原	RoA%	RoE%	Eq%	四年盈再率%	EPS$	Net$m	YoY%	NAV$	股息	股票
1996	140.7			47		5.0	59	-	21.1	0.00	0.00
1997	140.7	13	28	50		4.2	69	17	19.5	0.00	0.00
1998	140.7	21	41	64		7.4	131	90	24.7	0.00	0.00
1999	140.7	19	30	71		4.6	134	2	20.2	0.00	5.00
2000	93.8	11	16	72	43	2.2	94	(30)	16.6	0.00	4.00
2001	67.0	13	19	75	35	2.8	130	38	16.3	1.50	1.00
2002	59.5	16	22	73	49	3.2	165	27	16.4	1.50	1.00
2003	52.8	18	25	77	45	3.7	210	27	16.8	1.50	1.00
2004	46.6					3.2			15.4	1.50	1.00
	41.0	39	21								

一堂價值**800**萬元的投資課

學投資就像練功一樣,看完祕笈之後還要實地演練一遍,才能調整架勢。看完《巴菲特選股魔法書》只是學投資的第一步,接下來還須跟同好討教,才能建立正確的觀念。

我開的巴菲特班正是集合天下巴菲特迷一起較量切磋的地方,在課堂上我們會舉更多的實例來驗證巴菲特理論在台股的威力,並解答任何投資難題,務必讓你打通全身筋脈,增進一甲子的投資功力。

更重要的是,我們這堂課號稱永久保固,不僅在上課的當時,在課程結束之後也隨時接受同學電話或依媚兒的叩應。同學用依媚兒所提的問題,也會轉寄給各期巴菲特班的同學,讓大家都有參與感,如同上課時發問一般。在這裡我們不只要當一堂課的同學,還要成為一輩子的朋友。

憑此券可享: 《請在上課時出示本券》

一堂價值**800**萬元的投資課 折扣NT$**1000**

【課程重點】

- 靠「巴六點」成為世界首富
- 過去五年財報應占選股考量70％
- 從好學生中去挑會上台大的
- 配得出現金才是好公司
- 什麼是盈餘再投資率？
- 經久不變／獨佔／多角化
- 台股中的巴菲特概念股
- 保持安全邊距
- 四步驟，計算內在價值
- 賣股三原則
- 只挑個股，不看產業

【適合對象】 我們認為一個人書有無讀通，只要看他能不能把所念的東西講懂給完全不會的人聽即可，學生聽不懂，是老師的錯，不是學生。只要稍微懂得股票常識的人就可以來上課，即便是專業法人也不妨來相互切磋，因為這裏所傳授的巴菲特理論不同於傳統的投資觀念。

【學　費】 NT$6,000，**憑本頁下方折扣券可享折扣NT$1,000**。

【上課時間】 連續兩個星期六09:00～16:30，共12小時。

【洽詢專線】 (02) 8626-2189，mikeon@ms18.hinet.net

【報名方式】 請先來電話或寫依媚兒確定上課日期，留下姓名及連絡電話，再將學費全數匯入台新銀行復興分行帳號 **064-01-001068-400**「晉昂投資顧問股份有限公司」，並保留匯款單收據。上課時請出示折扣券。

國家圖書館出版品預行編目資料

巴菲特選股魔法書／洪瑞泰著--初版
臺北市：城邦文化，2004[民93]
面；　公分--（Smart智富.贏家系列；2）

ISBN 986-120-117-3（平裝）
1.證券 2.投資
563.53　　　　　　　　　93018672

Smart 贏家系列 *2*

巴菲特選股魔法書

作者	洪瑞泰
集團發行人	詹宏志
集團總經理	童再興
社長	林奇芬
出版部總編輯	李美虹
執行主編	唐祖貽
美術設計	林寶蓮
出版所	城邦文化事業股份有限公司
地址	台北市104民生東路二段141號2樓
讀者服務電話	0800-020-299
服務時間	周一至周五9：30～12：00；13：30～17：30
24小時傳真服務	02-25170999
讀者服務信箱E-mail	cs@cite.com.tw
劃撥帳號	19833503
	英屬蓋曼群島商家庭傳媒股份有限公司城邦分公司
一版十四刷	2007年1月
製版印刷	凱林彩印股份有限公司
總經銷	英屬蓋曼群島商家庭傳媒股份有限公司城邦分公司

定價◎250元

$mart智富 出版社 讀者服務卡

為了提供您更優質的服務,我們將不定期寄給您最新的出版訊息、優惠通知及活動消息,別猶豫,提起筆來,馬上填寫本回函!填寫完畢後,免貼郵票,請直接寄回本公司或傳真回覆。Fax專線 (02) 2500-1911。

* 您購買的書名:＿＿＿＿＿＿＿＿＿＿＿＿

* 購自何處:＿＿＿＿＿＿市(縣)＿＿＿＿＿＿＿＿書店

* 您平均一年購書:□5本以下□5-10本□10-20本 □20-30本 □30本以上

* 請問您在何處獲知本書的訊息?
　　　　　　　□雜誌廣告□廣播廣告□書店□親友介紹□其他

* 請問您購買本書的原因:
　　　　　　　□價格便宜□封面設計□對封面主題感興趣□有投資理財的需求
　　　　　　　□親友推薦□對Smart出版的品質信任□其他

* 請問您是否願意將本書介紹給其他朋友? □是□否

* 請問您通常以何種方式購書?
　　　　　　　□逛書店□劃撥郵購□電話訂購□傳真訂購□團體訂購□銷售人員推薦

您對本書的評價:

題材選擇	□切合需要	□普通	□不合需要
學習效果	□學習效果佳	□普通	□學習效果不佳
內容深度	□恰到好處	□內容艱澀	□內容太淺
圖表呈現	□易於閱讀	□普通	□不易閱讀
視覺呈現	□美觀大方	□普通	□不利閱讀

對本書的整體建議:

＿＿＿＿＿＿＿＿＿＿＿＿＿＿＿＿＿＿＿＿＿＿＿＿＿＿＿

＿＿＿＿＿＿＿＿＿＿＿＿＿＿＿＿＿＿＿＿＿＿＿＿＿＿＿

＿＿＿＿＿＿＿＿＿＿＿＿＿＿＿＿＿＿＿＿＿＿＿＿＿＿＿

您的基本資料: (請詳細填寫下列基本資料,本刊對個人資料均予保密,謝謝)

姓名:＿＿＿＿＿＿＿ 性別:□男□女 出生年次:民國＿＿年

電話:(公)＿＿＿＿＿ (宅)＿＿＿＿＿ (手機)＿＿＿＿＿

通訊地址:＿＿＿＿＿＿＿＿＿＿＿＿＿＿＿＿＿＿＿＿＿＿

電子郵件信箱:＿＿＿＿＿＿＿＿＿＿＿＿＿＿＿＿＿＿＿＿

教育程度:□國小或以下□國中□高中職□大專□碩士□博士

年　　齡:□18歲以下□18至25歲□26至35歲□36至45歲□46至55歲□56至65歲□66歲以上

職　　業:□學生□軍公教□製造業□營造業□服務業□金融貿易
　　　　　□資訊業□自由業□家管□其他

職　　位:□公司負責人□高階主管□中階主管□基層主管□一般職員□SOHO族□其他

●填寫完畢後請沿著左側的虛線撕下。

●填寫完畢後請沿著右側的虛線撕下。

●請沿著虛線對摺，謝謝。

有了財富，就有無限的自由

$mart智富

書號：2BA002　　書名：巴菲特選股魔法書　　編碼：